建设工程造价员手工算量与实例精析系列丛书

园林工程造价员 手工算量与实例精析

本书编委会　编

U0330641

中国建筑工业出版社

图书在版编目(CIP)数据

园林工程造价员手工算量与实例精析/本书编委会
编. —北京:中国建筑工业出版社,2015.9(2022.10
重印)
(建设工程造价员手工算量与实例精析系列丛书)
ISBN 978-7-112-17430-0

Ⅰ.①园… Ⅱ.①本… Ⅲ.①园林-工程造价
Ⅳ.①TU723.3

中国版本图书馆 CIP 数据核字(2014)第 256362 号

本书依据《建设工程工程量清单计价规范》GB 50500—2013、《园林绿化工程
工程量计算规范》GB 50858—2013进行编写,结合工程量计算实例,详细介绍了
园林绿化工程工程量手算的规则和方法。在内容编写上,本书将园林绿化工程中
常用的手算公式与根据实际工作总结的计算公式相结合,通过讲解园林绿化工程
各分项(绿化工程,园路、园桥工程,园林景观工程)工程量的手算规则和计算
实例,向读者说明如何快速计算工程量,并对工程量手算的内容和相关规定进行
了说明。

本书可供园林绿化工程工程预算、工程造价与项目管理人员工作使用。

责任编辑:岳建光 张 磊
责任设计:李志立
责任校对:李欣慰 张 颖

建设工程造价员手工算量与实例精析系列丛书
园林工程造价员手工算量与实例精析
本书编委会 编

＊

中国建筑工业出版社出版、发行(北京西郊百万庄)
各地新华书店、建筑书店经销
北京科地亚盟排版公司制版
北京建筑工业印刷厂印刷

＊

开本:787×1092毫米 1/16 印张:10¾ 字数:257千字
2015年2月第一版 2022年10月第三次印刷
定价:40.00元
ISBN 978-7-112-17430-0
(39370)

本书编委会

主　编　张　琦

参　编（按笔画顺序排列）

左丹丹　刘海锋　李　松　张　彤

夏　欣　陶红梅　程　惠　蒋传龙

韩艳艳

前　　言

　　园林工程建设作为城市建设的重要组成，其重要性不言而喻。在我国经济的快速发展下，园林工程的建设分工越来越细，工程的规模也日渐扩大。如何提高对园林工程造价的管理和控制，最大化园林工程的投资效益，是项目管理人员需要重视的一个问题。而工程量计算是否正确，直接影响工程预算造价的准确。与此同时，为了推动《建设工程工程量清单计价规范》GB 50500—2013、《园林绿化工程工程量计算规范》GB 50858—2013 的实施，帮助工程造价人员提高实际操作水平，我们组织了一批园林工程造价人员编写了此书。

　　本书共分为 5 章，内容包括园林工程工程量计算基础知识，绿化工程手工算量与实例精析，园路、园桥工程手工算量与实例精析，园林景观工程手工算量与实例精析，园林工程工程量计价编制应用实例。在内容编写上，本书将园林工程中常用的手算公式与根据实际工作总结的计算公式相结合，向读者说明如何快速计算工程量，并对工程量手算的内容和相关规定进行了说明。本书可供园林工程工程预算、工程造价与项目管理人员工作使用。

　　由于学识和经验有限，虽尽心尽力但书中仍难免存在疏漏或未尽之处，敬请有关专家和读者予以批评指正。

目　　录

1　园林工程工程量计算基础知识 ··· 1

　　1.1　园林工程工程量计算原则及步骤 ····································· 1

　　　　1.1.1　园林工程工程量计算原则 ····································· 1

　　　　1.1.2　园林工程工程量计算步骤 ····································· 1

　　1.2　园林工程工程量计算方法 ··· 2

　　1.3　园林工程分项工程的划分 ··· 2

　　1.4　《计价规范》对工程计量的规定 ····································· 3

　　　　1.4.1　工程计量的依据及要求 ··· 3

　　　　1.4.2　工程计量一般规定 ··· 4

　　　　1.4.3　单价合同的计量 ··· 4

　　　　1.4.4　总价合同的计量 ··· 4

2　绿化工程手工算量与实例精析 ··· 6

　　2.1　绿化工程工程量手算方法 ··· 6

　　　　2.1.1　绿地整理工程量 ··· 6

　　　　2.1.2　园林植树工程工程量 ··· 8

　　　　2.1.3　花卉与草坪种植工程工程量 ···································· 14

　　　　2.1.4　大树移植与绿地养护工程工程量 ································ 15

　　　　2.1.5　绿地喷灌工程量 ·· 16

　　2.2　绿化工程工程量手算参考公式 ·· 17

　　　　2.2.1　横截面法计算土方量 ·· 17

　　　　2.2.2　方格网法计算土方量 ·· 18

　　　　2.2.3　绿地喷灌工程计算 ·· 21

　　2.3　绿化工程工程量手算实例解析 ·· 23

3　园路、园桥工程手工算量与实例精析 ·· 49

　　3.1　园路、园桥工程工程量手算方法 ······································ 49

　　　　3.1.1　园路、园桥工程量 ·· 49

　　　　3.1.2　驳岸、护岸工程量 ·· 55

　　3.2　园路、园桥工程工程量手算参考公式 ·································· 57

  3.2.1 基础模板工程量计算 ·· 57

  3.2.2 砌筑砂浆配合比设计 ·· 58

 3.3 园路、园桥工程工程量手算实例解析 ···································· 59

4 园林景观工程手工算量与实例精析 ·· 85

 4.1 园林景观工程工程量手算方法 ·· 85

  4.1.1 堆塑假山工程量 ·· 85

  4.1.2 原木、竹构件工程量 ·· 89

  4.1.3 亭廊屋面工程量 ·· 91

  4.1.4 花架工程量 ·· 93

  4.1.5 园林桌椅工程量 ·· 96

  4.1.6 喷泉安装工程量 ·· 98

  4.1.7 杂项工程量 ·· 99

 4.2 园林景观工程工程量手算实例解析 ···································· 103

5 园林工程工程量计价编制应用实例 ·· 135

 5.1 园林景观工程招标工程量清单编制实例 ································ 135

 5.2 园林景观工程投标总价编制实例 ······································ 149

参考文献 ·· 163

1 园林工程工程量计算基础知识

1.1 园林工程工程量计算原则及步骤

1.1.1 园林工程工程量计算原则

园林绿化工程工程量的计算，一般要遵循以下原则：

1. 计算口径要一致，避免重复和遗漏

计算工程量时，根据施工图列出分项工程的口径（指分项工程包括的工作内容和范围），必须与预算定额中相应分项工程的口径（结合层）相一致。相反，分项工程中设计有的工作内容，而相应预算定额中没有包括时，应另列项目计算。

2. 工程量计算规则要一致，避免错算

工程量计算规则必须与预算定额中规定的工程量计算规则（或工程量计算方法）相一致，保证计算结果准确。例如砌砖工程中，一砖半砖墙的厚度，无论施工图中标注的尺寸是"360"或"370"，都应以预算定额计算规则规定的"365"进行计算。

3. 计量单位要一致

各分项工程量的计算单位必须与预算定额中相应项目的计量单位相一致。例如，预算定额中，栽植绿篱分项工程的计量单位是 10 延长米，而不是株数，则工程量单位也是 10 延长米。

4. 按顺序进行计算

计算工程量时要按着一定的顺序（自定）逐一进行计算，避免重算和漏算。

5. 计算精度要统一

为了计算方便，工程量的计算结果统一要求为：除钢材（以"t"为单位）、木材（以"m^3"为单位）取三位小数外，其余项目一般取两位小数，以下四舍五入。

1.1.2 园林工程工程量计算步骤

1. 列出分项工程项目名称

根据施工图纸，并结合施工方案的有关内容，按照一定的计算顺序，逐一列出单位工程施工图预算的分项工程项目名称。所列的分项工程项目名称必须要与预算定额中的相应项目名称一致。

2. 列出工程量计算式

分项工程项目名称列出后，根据施工图纸所示的部位、尺寸和数量，按照工程量计算规则，分别列出工程量计算公式。

3. 调整计量单位

通常计算的工程量都是以米（m）、平方米（m^2）、立方米（m^3）等为单位，但预算定额中往往以 10 米（m）、10 平方米（m²）、10 立方米（m³）、100 平方米（m²）、100 立方米（m³）等为计量单位，因此还须将计算的工程量单位按预算定额中相应项目规定的计量单位进行调整，使计量单位一致，便于以后的计算。

4. 套用预算定额进行计算

各项工程量计算完毕经校核后，就可以编制单位工程施工图预算书。

1.2 园林工程工程量计算方法

工程量的计算通常按施工先后顺序、按定额项目的顺序和用统筹法进行计算。

（1）按施工先后顺序计算

即按工程施工顺序的先后来计算工程量。计算时，先地下后地上，先底层后上层，先主要后次要。大型和复杂工程应先划分区域，编成区号，分区计算。

（2）按定额项目的顺序计算

即按定额所列分部分项工程的次序来计算工程量。计算时按照施工图设计内容，由前到后，逐项对照定额进行计算工程量。采用这种方法计算工程量，要求熟悉施工图纸，具有较多的工程设计基础知识，并且要注意施工图中有的项目可能套不上定额项目，应单独列项，以编制补充定额，切记不可因定额缺项而漏项。

（3）用统筹法计算工程量

统筹法计算工程量是根据各分项工程量之间的固有规律和相互之间的依赖关系，运用统筹原理和统筹图来合理安排工程量的计算程序，并按其顺序计算工程量。用统筹法计算工程量的基本要点是：统筹程序、合理安排；利用基数、连续计算；一次计算、多次使用；结合实际、灵活机动。

1.3 园林工程分项工程的划分

根据《园林绿化工程工程量计算规范》GB 50858—2013 规定，园林工程分为三个分部工程：绿化工程，园路、园桥工程，园林景观工程。每个分部工程又分为若干个子分部工程。每个子分部工程中又分为若干个分项工程。每个分项工程有一个项目编码。园林工程分部分项工程划分详见表 1-1。

园林工程分部分项工程划分　　　　　　　　　　　　　　　表 1-1

分部工程	子分部工程	分项工程
绿化工程	绿地整理	砍伐乔木、挖树根（蔸）砍挖灌木丛及根、砍挖竹及根、砍挖芦苇（或其他水生植物）及根、清除草皮、清除地被植物、屋面清理、种植土回（换）填、整理绿化用地、绿地起坡造型、屋顶花园基底处理
	栽植花木	栽植乔木、栽植灌木、栽植竹类、栽植棕榈类、栽植绿篱、栽植攀缘植物、栽植色带、栽植花卉、栽植水生植物、垂直墙体绿化种植、花卉立体布置、铺种草皮、喷播植草（灌木）籽、植草砖内植草、挂网、箱/钵栽植
	绿地喷灌	喷灌管线安装、喷灌配件安装

分部工程	子分部工程	分项工程
园路、园桥工程	园路、园桥工程	园路；踏（蹬）道；路牙铺设；树池围牙、盖板（箅子）；嵌草砖（格）铺装；桥基础；石桥墩、石桥台；拱券石；石券脸；金刚墙砌筑；石桥面铺筑；石桥面檐板；石汀步（步石、飞石）；木制步桥；栈道
	驳岸、护岸	石（卵石）砌驳岸、原木桩驳岸、满（散）铺砂卵石护岸（自然护岸）、点（散）布大卵石、框格花木护坡
园林景观工程	堆塑假山	堆筑土山丘、堆砌石假山、塑假山、石笋、点风景石、池石、盆景山、山（卵）石护角、山坡（卵）石台阶
	原木、竹构件	原木（带树皮）柱、梁、檩、橼、原木（带树皮）墙；树枝吊挂楣子；竹柱、梁、檩、橼；竹编墙；竹吊挂楣子
	亭廊屋面	草屋面、竹屋面、树皮屋面、油毡瓦屋面、预制混凝土穿顶、彩色压型钢板（夹芯板）攒尖亭屋面板、彩色压型钢板（夹芯板）穿顶、玻璃屋面、支（防腐木）屋面
	花架	现浇混凝土花架柱、梁；预制混凝土花架柱、梁；金属花架柱、梁；木花架柱、梁；竹花架柱、梁
	园林桌椅	预制钢筋混凝土飞来椅；水磨石飞来椅；竹制飞来椅；现浇混凝土桌凳；预制混凝土桌凳；石桌石凳；水磨石桌凳；塑树根桌凳；塑树节椅；塑料、铁艺、金属椅
	喷泉安装	喷泉管道、喷泉电缆、水下艺术装饰灯具、电气控制柜、喷泉设备
	杂项	石灯；石球；塑仿石音箱；塑树皮梁、柱；塑竹梁、柱；铁艺栏杆；塑料栏杆；钢筋混凝土艺术围栏；标志牌；景墙；景窗；花饰；博古架；花盆（坛箱）；摆花；花池、垃圾箱、砖石砌小摆设；其他景观小摆设；柔性水池

1.4 《计价规范》对工程计量的规定

《建设工程工程量清单计价规范》GB 50500—2013 与《园林绿化工程工程量计算规范》GB 50858—2013 对园林工程工程计量作了相应的规定。

1.4.1 工程计量的依据及要求

（1）工程量计算除依据各项规定外，尚应依据以下文件：

1）经审定通过的施工设计图纸及其说明。

2）经审定通过的施工组织设计或施工方案。

3）经审定通过的其他有关技术经济文件。

（2）工程实施过程中的计量应按照现行国家标准《建设工程工程量清单计价规范》GB 50500—2013 的相关规定执行。

（3）两个或两个以上计量单位的，应结合拟建工程项目的实际情况，确定其中一个为计量单位。同一工程项目的计量单位应一致。

（4）工程计量时每一项目汇总的有效位数应遵守下列规定：

1）以"t"为单位，应保留小数点后三位数字，第四位小数四舍五入。

2）以"m"、"m²"、"m³"为单位，应保留小数点后两位数字，第三位小数四舍五入。

3）以"株"、"丛"、"缸"、"套"、"个"、"支"、"只"、"块"、"根"、"座"等为单位，应取整数。

（5）各项目仅列出了主要工作内容，除另有规定和说明外，应视为已经包括完成该项目所列或未列的全部工作内容。

（6）园林绿化工程（另有规定者除外）涉及普通公共建筑物等工程的项目以及垂直运输机械、大型机械设备进出场及安拆等项目，按现行国家标准《房屋建筑与装饰工程工程量计算规范》GB 50854—2013 的相应项目执行；涉及仿古建筑工程的项目，按现行国家标准《仿古建筑工程工程量计算规范》GB 50855—2013 的相应项目执行；涉及电气、给水排水等安装工程的项目，按照现行国家标准《通用安装工程工程量计算规范》GB 50856—2013 的相应项目执行；涉及市政道路、路灯等市政工程的项目，按现行国家标准《市政工程工程量计算规范》GB 50857—2013 的相应项目执行。

1.4.2 工程计量一般规定

（1）工程量必须按照相关工程现行国家计量规范规定的工程量计算规则计算。

（2）工程计量可选择按月或按工程形象进度分段计量，具体计量周期应在合同中约定。

（3）因承包人原因造成的超出合同工程范围施工或返工的工程量，发包人不予计量。

（4）成本加酬金合同应按"单价合同的计量"的规定计量。

1.4.3 单价合同的计量

（1）工程量必须以承包人完成合同工程应予计量的工程量确定。

（2）施工中进行工程计量，当发现招标工程量清单中出现缺项、工程量偏差，或因工程变更引起工程量增减时，应按承包人在履行合同义务中完成的工程量计算。

（3）承包人应当按照合同约定的计量周期和时间向发包人提交当期已完工程量报告。发包人应在收到报告后 7d 内核实，并将核实计量结果通知承包人。发包人未在约定时间内进行核实的，承包人提交的计量报告中所列的工程量应视为承包人实际完成的工程量。

（4）发包人认为需要进行现场计量核实时，应在计量前 24h 通知承包人，承包人应为计量提供便利条件并派人参加。当双方均同意核实结果时，双方应在上述记录上签字确认。承包人收到通知后不派人参加计量，视为认可发包人的计量核实结果。发包人不按照约定时间通知承包人，致使承包人未能派人参加计量，计量核实结果无效。

（5）当承包人认为发包人核实后的计量结果有误时，应在收到计量结果通知后的 7d 内向发包人提出书面意见，并应附上其认为正确的计量结果和详细的计算资料。发包人收到书面意见后，应在 7d 内对承包人的计量结果进行复核后通知承包人。承包人对复核计量结果仍有异议的，按照合同约定的争议解决办法处理。

（6）承包人完成已标价工程量清单中每个项目的工程量并经发包人核实无误后，发承包双方应对每个项目的历次计量报表进行汇总，以核实最终结算工程量，并应在汇总表上签字确认。

1.4.4 总价合同的计量

（1）采用工程量清单方式招标形成的总价合同，其工程量应按照"单价合同的计量"

的规定计算。

（2）采用经审定批准的施工图纸及其预算方式发包形成的总价合同，除按照工程变更规定的工程量增减外，总价合同各项目的工程量应为承包人用于结算的最终工程量。

（3）总价合同约定的项目计量应以合同工程经审定批准的施工图纸为依据，发承包双方应在合同中约定工程计量的形象目标或时间节点进行计量。

（4）承包人应在合同约定的每个计量周期内对已完成的工程进行计量，并向发包人提交达到工程形象目标完成的工程量和有关计量资料的报告。

（5）发包人应在收到报告后 7d 内对承包人提交的上述资料进行复核，以确定实际完成的工程量和工程形象目标。对其有异议的，应通知承包人进行共同复核。

2 绿化工程手工算量与实例精析

2.1 绿化工程工程量手算方法

2.1.1 绿地整理工程量

1. 勘察现场

(1) 计算公式

$$工程量 = 图示数量 \quad (株)$$

(2) 工程量计算规则及说明

勘察现场工程量以植株计算,灌木类以每丛折合 1 株,绿篱每 1 延长米折合 1 株,乔木不分品种规格一律按株计算。

绿化工程施工前需对现场调查,对架高物、地下管网、各种障碍物以及水源、地质、交通等状况作全面的了解,并做好施工安排或施工组织设计。

2. 砍伐乔木、挖树根(蔸)

(1) 计算公式

$$工程量 = 图示数量 \quad (株)$$

(2) 工程量计算规则

1) 清单工程量计算规则

砍伐乔木、挖树根(蔸)工程量按数量计算。

2) 定额工程量计算规则

裸根乔木、攀缘植物工程量按其不同坑体规格以株计算。

3. 砍挖灌木丛及根

(1) 计算公式

$$工程量 = 图示数量 \quad (株)$$

或

$$工程量 = 砍挖面积 \quad (m^2)$$

(2) 工程量计算规则

1) 清单工程量计算规则

① 以株计量,按数量计算。

② 以平方米计量,按面积计算。

2) 定额工程量计算规则

裸根灌木和竹类工程量按其不同坑体规格以株计算。土球苗木,按不同球体规格以株计算。

4. 砍挖绿篱及根

（1）计算公式

$$工程量 = 图示长度 \quad (m)$$

（2）工程量计算规则

绿篱工程量按不同槽（沟）断面，分单行双行以米计算。

5. 砍挖竹及根

（1）计算公式

$$工程量 = 图示数量 \quad (株/丛)$$

（2）工程量计算规则

砍挖竹及根工程量按数量计算。

6. 砍挖芦苇及根，清除草皮、地被植物

（1）计算公式

$$工程量 = 砍挖（清除）面积 \quad (m^2)$$

（2）工程量计算规则

1）清单工程量计算规则

砍挖芦苇（或其他水牛植物）及根、清除草皮、清除地被植物工程量按面积计算。

2）定额工程量计算规则

色块、草坪、花卉，按种植面积以平方米计算。

7. 屋面清理

（1）计算公式

$$工程量 = 屋面清理面积 \quad (m^2)$$

（2）工程量计算规则

屋面清理工程量按设计图示尺寸以面积计算。

8. 种植土回（换）填

（1）计算公式

$$工程量 = 回填土面积 \times 回填土厚度 \quad (m^3)$$

或

$$工程量 = 图示数量 \quad (株)$$

（2）工程量计算规则

1）以立方米计量，按设计图示回填面积乘以回填厚度以体积计算。

2）以株计量，按设计图示数量计算。

9. 拆除障碍物

（1）计算公式

$$工程量 = 实际拆除体积 \quad (m^3)$$

（2）工程量计算规则及说明

拆除障碍物工程量视实际拆除体积以立方米计算。

绿化工程用地边界确定之后，凡地界之内，有碍施工的市政设施、农田设施、房屋、树木、坟墓、堆放杂物、违章建筑等，一律进行拆除和迁移。一般情况下已有树木凡能保留的尽可能保留。

10. 整理绿化用地

（1）清单工程量

1）计算公式

$$工程量 = 整理实际面积 \quad （m^2）$$

2）工程量计算规则

整理绿化用地工程量按设计图示尺寸以面积计算。

整理绿化用地项目包含厚度≤300mm 回填土，厚度＞300mm 回填土应按照现行国家标准《房屋建筑与装饰工程工程量计算规范》GB 50854—2013 相应项目编码列项。

（2）定额工程量

计算公式：

$$工程量 = 栽植绿地面积 \quad （m^2）$$

（3）工程量计算规则及说明

平整场地工程量按设计供栽植的绿地范围以平方米计算。

1）人工整理绿化用地是指±30cm 范围内的平整，超出该范围时按照人工挖土方相应的子目规定计算。

2）机械施工的绿化用地的挖、填土方工程，其大型机械进出场费均按照《全国仿古建筑及园林工程预算定额》中关于大型机械进出场费的规定执行，列入其独立土石方工程概算。

3）整理绿化用地渣土外运的工程量分以下两种情况以立方米计算：

① 自然地坪与设计地坪标高相差在±30cm 以内时，整理绿化用地渣土量按每平方米 0.05m³ 计算。

② 自然地坪与设计地坪标高相差在±30cm 以外时，整理绿化用地渣土量按挖土方与填土方之差计算。

11. 绿地起坡造型

（1）计算公式

$$工程量 = 起坡面积 \times 起坡厚度 \quad （m^3）$$

（2）工程量计算规则

绿地起坡造型工程量按设计图示尺寸以体积计算。

12. 屋顶花园基底处理

（1）计算公式

$$工程量 = 基底处理面积 \quad （m^2）$$

（2）工程量计算规则及说明

屋顶花园基底处理工程量按设计图示尺寸以面积计算。

屋顶花园基底处理的构造剖面示意如图 2-1 所示，施工前，要对屋顶进行清理，平整顶面，有龟裂或凹凸不平之处应修补平整，有条件上一层水泥砂浆。若原屋顶为预制空心板，先在其上铺三层沥青，两层油毡作隔水层，以防渗漏。

2.1.2 园林植树工程工程量

栽植花木工程量计算中，苗木计算应符合下列规定：

（1）胸径应为地表面向上 1.2m 高处树干直径。

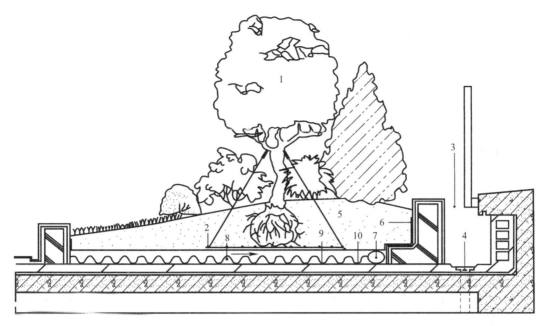

图 2-1 屋顶绿化种植区构造层剖面示意图

1—乔木；2—地下树木支架；3—与围护墙之间留出适当间隔或围护墙防水层高度与基质上表面间距不小于 15cm；
4—排水口；5—基质层；6—隔离过滤层；7—渗水管；8—排（蓄）水层；9—隔根层；10—分离滑动层

（2）冠径又称冠幅，应为苗木冠丛垂直投影面的最大直径和最小直径的平均值。

（3）逢径应为灌木、灌丛垂直投影面的直径。

（4）地径应为地表面向上 0.1m 高处树干直径。

（5）干径应为地表面向上 0.3m 高处树干直径。

（6）株高应为地表面至树顶端的高度。

（7）冠丛高应为地表面至乔（灌）木顶端的高度。

（8）篱高应为地表面至绿篱顶端的高度。

1. 刨树坑

（1）计算公式

$$工程量 = 图示数量 \quad （个）$$

或

$$工程量 = 图示长度 \quad （m）$$

或

$$工程量 = 树坑体积 \quad （m^3）$$

（2）工程量计算规则

刨树坑工程量以个计算，刨绿篱沟以延长米计算，刨绿带沟以立方米计算。

刨树坑是从设计地面标高下掘，无设计标高的以一般地面水平为准，分刨树坑、刨绿篱沟、刨绿带沟三项。（其中：土壤划分为坚硬土、杂质土、普通土三种。）

2. 施肥

（1）计算公式

$$工程量 = 图示数量 \quad （株）$$

9

或

$$工程量 = 实际施肥面积 \quad （m^2）$$

（2）工程量计算规则及说明

施肥工程量均按植物的株数计算，其他均以平方米计算。

分乔木施肥、观赏乔木施肥、花灌木施肥、常绿乔木施肥、绿篱施肥、攀缘植物施肥、草坪及地被施肥（施肥主要指有机肥，其价格已包括场外运费）七项。

3. 修剪

（1）计算公式

$$工程量 = 图示长度 \quad （m）$$

或

$$工程量 = 图示数量 \quad （株）$$

（2）工程量计算规则及说明

修剪工程量除绿篱以延长米计算外，树木均按株数计算。分修剪、强剪、绿篱平剪三项。

修剪指栽植前的修根、修枝。强剪指"抹头"，绿篱平剪指栽植后的第一次顶部定高平剪及两侧面垂直或正梯形坡剪。

4. 防治病虫害

（1）计算公式

$$工程量 = 图示数量 \quad （株）$$

或

$$工程量 = 防治面积 \quad （m^2）$$

（2）工程量计算规则及说明

防治病虫害工程量均按植物的株数计算，其他均以平方米计算。

防治病虫害分刷药、涂白、人工喷药三项。

1）刷药：泛指以波美度为 0.5 石硫合剂为准，刷药的高度至分枝点均匀全面。

2）涂白：其浆料以生石灰：氯化钠：水＝2.5：1：18 为准，刷涂料高度在 1.3m 以下，要上口平齐、高度一致。

3）人工喷药：指栽植前需要人工肩背喷药防治病虫害，或必要的土壤有机肥人工拌农药灭菌消毒。

5. 栽植乔木

（1）计算公式

$$工程量 = 图示数量 \quad （株）$$

（2）工程量计算规则

1）清单工程量计算规则及说明

栽植乔木工程量按设计图示数量计算。

乔木胸径在 3～10cm 以内，常绿树高度在 1～4m 以内的按小树移植；大于以上规格的按大树移植处理。栽植乔木应选择树体高大（在 5m 以上），具有明显树干的树木。常见乔木树种有银杏、雪松、云杉、松、柏、杉、杨、柳、桂花、榕树等。栽植的乔木，其树干高度要合适。分支点高度一致，具有 3～5 个分布均匀、角度适宜的主枝。枝叶茂密，树冠完整。

2) 定额工程量计算规则

① 起挖乔木（带土球）

起挖乔木（带土球）工程量按土球直径（在厘米以内）分别列项，以株计算。特大或名贵树木另行计算。

② 起挖乔木（裸根）

起挖乔木（裸根）工程量按胸径（在厘米以内）分别列项，以株计算。特大或名贵树木另行计算。

③ 栽植乔木（带土球）

栽植乔木（带土球）工程量按土球直径（在厘米以内）分别列项，以株计算。特大或名贵树木另行计算。

④ 栽植乔木（裸根）

栽植乔木（裸根）工程量按胸径（在厘米以内）分别列项，以株计算。特大或名贵树木另行计算。

6. 栽植灌木

（1）计算公式

$$工程量 = 图示数量 \quad （株）$$

或

$$工程量 = 绿化水平投影面积 \quad （m^2）$$

（2）工程量计算规则

1）清单工程量计算规则

① 按设计图示数量计算，以株计量。

② 按设计图示尺寸以绿化水平投影面积计算，以平方米计量。

2）定额工程量计算规则及说明

灌木树体矮小（在 5m 以下），无明显主干或主干甚短。如，连翘金银木、月季等。

① 起挖灌木（带土球）。起挖灌木（带土球）工程量按土球直径（在厘米以内）分别列项，以株计算。特大或名贵树木另行计算。

② 起挖灌木（裸根）。起挖灌木（裸根）工程量按冠丛高（在厘米以内）分别列项，以株计算。

③ 栽植灌木（带土球）。工程量按土球直径（在厘米以内）分别列项，以株计算。特大或名贵树木另行计算。

④ 栽植灌木（裸根）。栽植灌木（裸根）工程量按冠丛高（在厘米以内）分别列项，以株计算。

7. 栽植竹类

（1）计算公式

$$工程量 = 图示数量 \quad （株/丛）$$

（2）工程量计算规则

1）清单工程量计算规则

栽植竹类工程量按设计图示数量计算。

2）定额工程量计算规则

① 起挖竹类（散生竹）。起挖竹类（散生竹）工程量按胸径（在厘米以内）分别列项，以株计算。

② 起挖竹类（丛生竹）。起挖竹类（丛生竹）工程量按根盘丛径（在厘米以内）分别列项，以丛计算。

③ 栽植竹类（散生竹）。栽植竹类（散生竹）工程量按胸径（在厘米以内）分别列项，以株计算。

④ 栽植竹类（丛生竹）。栽植竹类（丛生竹）工程量按根盘丛径（在厘米以内）分别列项，以丛计算。

8. 栽植棕榈类

（1）计算公式

$$工程量 = 图示数量 \quad （株）$$

（2）工程量计算规则

栽植棕榈类工程量按设计图示数量计算。

9. 栽植绿篱

（1）计算公式

$$工程量 = 图示长度 \quad （m）$$

或

$$工程量 = 绿化水平投影面积 \quad （m^2）$$

（2）工程量计算规则

1）清单工程量计算规则

① 按设计图示长度以延长米计算，以米计量。

② 按设计图示尺寸以绿化水平投影面积计算，以平方米计量。

2）定额工程量计算规则及说明

绿篱主要分为：落叶绿篱，如小白榆、雪柳等；常绿绿篱，如侧柏、小桧柏等。篱高是指绿篱苗木顶端距地平高度。

栽植绿篱工程量按单、双排和高度（在厘米以内）分别列项，工程量以延长米计算，单排以丛计算，双排以株计算。

① 绿篱，按单位或双行不同篱高以米计算（单行 3.5 株/m，双行 5 株/m）；色带以平方米计算（色块 12 株/m²）计算。

② 绿化工程栽植苗木中，一般绿篱按单行或双行不同篱高以"m"计算，单行每延长米栽 3.5 株，双行每延长米栽 5 株；色带每 1m² 栽 12 株；攀缘植物根据不同生长年限每延长米栽 5～6 株；草花每 1m² 栽 35 株。

10. 栽植攀缘植物

（1）计算公式

$$工程量 = 图示数量 \quad （株）$$

或

$$工程量 = 图示长度 \quad （m）$$

（2）工程量计算规则

1）清单工程量计算规则

① 按设计图示数量计算，以株计量。

② 按设计图示种植长度以延长米计算，以米计量。

2）定额工程量计算规则及说明

攀缘植物工程量按不同生长年限以株计算。

攀缘类是能攀附他物而向上生长的蔓性植物，多借助吸盘（如地锦等）、附根（如凌霄等）、卷须（如葡萄等）、蔓条（如爬蔓月季等）以及干茎本身的缠绕性而攀附他物（如紫藤等）。

11. 栽植色带

（1）计算公式

$$工程量 = 绿化水平投影面积 \quad (m^2)$$

（2）工程量计算规则

栽植色带工程量按设计图示尺寸以绿化水平投影面积计算。

12. 栽植水生植物

（1）计算公式

$$工程量 = 图示数量 \quad (丛/缸/10\ 株)$$

或

$$工程量 = 绿化水平投影面积 \quad (m^2)$$

（2）工程量计算规则

1）清单工程量计算规则

① 按设计图示数量计算，以丛（缸）计量。

② 按设计图示尺寸以绿化水平投影面积计算，以平方米计量。

2）定额工程量计算规则

栽植水生植物工程量按荷花、睡莲分别列项，以 10 株计算。

13. 垂直墙体绿化种植

（1）计算公式

$$工程量 = 绿化水平投影面积 \quad (m^2)$$

或

$$工程量 = 图示长度 \quad (m)$$

（2）工程量计算规则

① 按设计图示尺寸以绿化水平投影面积计算，以平方米计量。

② 按设计图示种植长度以延长米计算，以米计量。

14. 箱/钵栽植

（1）计算公式

$$工程量 = 图示数量 \quad (个)$$

（2）工程量计算规则

箱/钵栽植工程量按设计图示箱/钵数量计算。

15. 厚土过筛

（1）计算公式

$$工程量 = 过筛体积 \quad （m^3）$$

（2）工程量计算规则及说明

1）原土过筛，按筛后的好土以立方米计算。

2）土坑换土，以实挖的土坑体积乘以系数 1.43 计算。

在保证工程质量的前提下，应充分利用原土降低造价，但原土含瓦砾、杂物率不得超过 30%，且土质理化性质须符合种植土地要求。

2.1.3 花卉与草坪种植工程工程量

1. 栽植花卉

（1）计算公式

$$工程量 = 图示数量 \quad （株/丛/缸）$$

或

$$工程量 = 栽植水平投影面积 \quad （m^2/10m^2）$$

（2）工程量计算规则

1）清单工程量计算规则

① 按设计图示数量计算，以株（丛、缸）计量。

② 按设计图示尺寸以绿化水平投影面积计算，以平方米计量。

2）定额工程量计算规则

按草本花，木本花，球、地根类，一般图案花坛，彩纹图案花坛，立体花坛，五色草一般图案花坛，五色草彩纹图案花坛，五色草立体花坛分别列项，以 $10m^2$ 计算。

每平方米栽植数量按：草花 25 株；木本花卉 5 株；植根花卉草本 9 株、木本 5 株。

2. 花卉立体布置

（1）计算公式

$$工程量 = 图示数量 \quad （单体/处）$$

或

$$工程量 = 布置面积 \quad （m^2）$$

（2）工程量计算规则

① 按设计图示数量计算，以单体（处）计量。

② 按设计图示尺寸以面积计算，以平方米计量。

3. 铺种草皮、喷播植草（灌木）籽、植草砖内植草

（1）计算公式

$$工程量 = 绿化投影面积 \quad （m^2/10m^2）$$

（2）工程量计算规则

1）清单工程量计算规则

铺种草皮、喷播植草（灌木）籽、植草砖内植草工程量按设计图示尺寸以绿化投影面积计算。

2）定额工程量计算规则

按散铺、满铺、直生带、播种分别列项，以 10m² 计算。种苗费未包括在定额内，须另行计算。

2.1.4 大树移植与绿地养护工程工程量

1. 大树移植

（1）计算公式

$$工程量 = 图示数量 \quad （株）$$

（2）工程量计算规则及说明

大树移植工程量按移植株数计算。

1）包括大型乔木移植、大型常绿树移植两部分，每部分又分带土台、装木箱两种。

2）大树移植的规格，乔木以胸径 10cm 以上为起点，分 10～15cm、15～20cm、20～30cm、30cm 以上四个规格。

3）浇水系按自来水考虑，按三遍水的费用。

4）所用吊车、汽车按不同规格计算。

2. 挂网

（1）计算公式

$$工程量 = 挂网投影面积 \quad （m^2）$$

（2）工程量计算规则

挂网工程量按设计图示尺寸以挂网投影面积计算。

3. 树木支撑

（1）计算公式

$$工程量 = 图示数量 \quad （株）$$

（2）工程量计算规则

1）树棍桩：按四角桩、三角桩、一字桩、长单桩、短单桩、钢丝吊桩分别列项，以株计算。

2）毛竹桩：按四角桩、三角桩、一字桩、长单桩、短单桩、预制混凝土长单桩分别列项，以株计算。

4. 新树浇水

（1）计算公式

$$工程量 = 图示长度 \quad （m）$$

或

$$工程量 = 图示数量 \quad （株）$$

（2）工程量计算规则及说明

新树浇水工程量除篱以延长米计算外，树木均按株数计算。

分人工胶管浇水和汽车浇水两项，人工胶管浇水，距水源以 100m 以内为准，每超50m 用工增加 14%。

5. 铺设盲管

(1) 计算公式

$$工程量 = 图示长度 \quad (m)$$

(2) 工程量计算规则

铺设盲管工程量按管道中心线全长以延长米计算。

6. 绿化养护

(1) 计算公式

$$工程量 = 图示数量 \quad (株/丛)$$

或

$$工程量 = 图示长度 \quad (m)$$

或

$$工程量 = 图示养护面积 \quad (m^2)$$

(2) 工程量计算规则

1) 乔木（果树）、灌木、攀缘植物以株计算；绿篱以米计算；草坪、花卉、色带、宿根以平方米计算；丛生竹以株（丛）计算。也可以根据施工方自身的情况、多年来绿化养护的经验以及业主要求的时间进行列项计算。

2) 冬期防寒是北方园林中常见苗木防护措施，包括支撑竿、搭风帐、喷防冻液等。后期管理费中不含冬期防寒措施，需另行计算。乔木、灌木按数量以株为单位计算；色带、绿篱按长度以米计算；木本、宿根花卉按面积以平方米计算。

2.1.5 绿地喷灌工程量

1. 喷灌管线安装

(1) 计算公式

$$工程量 = 图示长度 \quad (m)$$

(2) 工程量计算规则

喷灌管线安装工程量按设计图示管道中心线长度以延长米计算，不扣除检查（阀门）井、阀门、管件及附件所占的长度。

2. 喷灌配件安装

(1) 计算公式

$$工程量 = 图示数量 \quad (个)$$

(2) 工程量计算规则

喷灌配件安装工程量按设计图示数量计算。

喷灌是适用范围广又较节约用水的园林和苗圃温室灌溉手段，由于喷灌可以使水均匀地渗入地下避免径流，因而特别适用于灌溉草坪和坡地，对于希望增加空气湿度和淋湿植物叶片的场所尤为适宜；对于一些不宜经常淋湿叶面的植物则不应使用。

2.2 绿化工程工程量手算参考公式

2.2.1 横截面法计算土方量

横截面法适用于地形起伏变化较大或形状狭长地带，其方法是：首先，根据地形图及总平面图，将要计算的场地划分成若干个横截面，相邻两个横截面距离视地形变化而定。在起伏变化大的地段，布置密一些（即距离短一些），反之则可适当长一些。然后，实测每个横截面特征点的标高，量出各点之间距离（若测区已有比较精确的大比例尺地形图，也可在图上设置横截面，用比例尺直接量取距离，按等高线求算高程，方法简捷，就其精度来说，没有实测的高），按比例尺把每个横截面绘制到厘米方格纸上，并套上相应的设计断面，则自然地面和设计地面两轮廓线之间的部分，即是需要计算的施工部分。

其具体计算步骤如下：

（1）划分横截面

根据地形图（或直接测量）及竖向布置图，将要计算的场地划分横截面 $A—A'$，$B—B'$，$C—C'$，……划分原则为垂直等高线或垂直主要建筑物边长，横截面之间的间距可不等，地形变化复杂的间距宜小，反之宜大一些，但是最大不宜大于 100m。

（2）画截面图形

按比例画每个横截面的自然地面和设计地面的轮廓线。设计地面轮廓线之间的部分，即为填方和挖方的截面。

（3）计算横截面面积

按表 2-1 的面积计算公式，计算每个截面的填方或挖方截面积。

常用横截面计算公式

表 2-1

序号	图 示	面积计算公式
1		$F = h(b + nh)$
2		$F = h\left[b + \dfrac{h(m+n)}{2} \right]$
3		$F = b\dfrac{h_1 + h_2}{2} + nh_1h_2$
4		$F = h_1\dfrac{a_1+a_2}{2} + h_2\dfrac{a_2+a_3}{2} + h_3\dfrac{a_3+a_4}{2} + h_4\dfrac{a_4+a_5}{2}$
5		$F = \dfrac{1}{2}a(h_0 + 2h + h_n)$ $h = h_1 + h_2 + h_3 + \cdots + h_n$

（4）计算土方量：根据截面面积计算土方量：

$$V = \frac{1}{2}(F_1 + F_2) \times L$$

式中　V——相邻两截面间的土方量（m^3）；

F_1、F_2——相邻两截面的挖（填）方截面积（m^2）；

L——相邻两截面间的间距（m）。

（5）按土方量汇总（表2-2）

如图2-2中截面 A—A′所示，设桩号 0+0.00 的填方横截面积为 $2.70m^2$，挖方横截面积为 $3.80m^2$；如图2-2中截面 B—B′所示，设桩号 0+0.20 的填方横断面积为 $2.25m^3$，挖方横截面面积为 $6.65m^2$，两桩间的距离为30m。

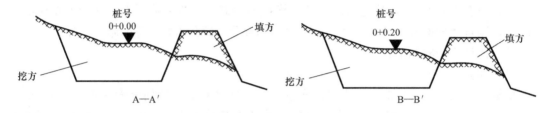

图2-2　横截面示意图

由已知可得挖填方量各为：

$$V_{挖方} = \frac{1}{2} \times (3.80 + 6.65) \times 30 = 156.75m^3$$

$$V_{填方} = \frac{1}{2} \times (2.70 + 2.25) \times 30 = 74.25m^3$$

有上述计算可得土方量汇总，见表2-2。

土方量汇总　　　　　　　　　　　　　　　　　　表2-2

断　　面	填方面积/m^2	挖方面积/m^2	截面间距/m	填方体积/m^3	挖方体积/m^3
A—A′	2.70	3.80	30	40.5	57
B—B′	2.25	6.65	30	33.75	99.75
合计				74.25	156.75

2.2.2　方格网法计算土方量

方格网法是把平整场地的设计工作和土方量计算工作结合在一起进行的。

（1）划分方格网

在附有等高线的地形图（图样常用比例为 1：500）上作方格网，方格各边最好与测量的纵、横坐标系统对应，并对方格及各角点进行编号。方格边长在园林中一般用 20m×20m 或 40m×40m。然后将各点设计标高和原地形标高分别标注于方格桩点的右上角和右下角，再将原地形标高与设计地面标高的差值（即各角点的施工标高）填土方格点的左上角，挖方为（＋）、填方为（－）。

其中原地形标高用插入法求得（图2-3），方法是：设 H_x 为欲求角点的原地面高程，过此点作相邻两等高线间最小距离 L。

$$H_x = H_a \pm \frac{xh}{L}$$

式中 H_a——低边等高线的高程；

       x——角点至低边等高线的距离；

       h——等高差。

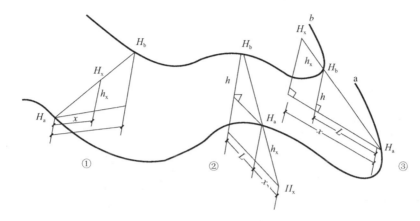

图 2-3   插入法求任意点高程示意图

插入法求某点地面高程通常会遇到以下 3 种情况。

1) 待求点标高 H_x 在两等高线之间，如图 2-3 中①所示：

$$H_x = H_a + \frac{xh}{L}$$

2) 待求点标高 H_x 在低边等高线的下方，如图 2-3 中②所示：

$$H_x = H_a - \frac{xh}{L}$$

3) 待求点标高 H_x 在低边等高线的上方，如图 2-3 中③所示：

$$H_x = H_a + \frac{xh}{L}$$

在平面图上线段 $H_a - H_b$ 是过待求点所做的相邻两等高线间最小水平距离 L。求出的标高数值一一标记在图上。

（2）求施工标高

施工标高指方格网各角点挖方或填方的施工高度，其导出式为：

施工标高 ＝ 原地形标高 － 设计标高

从上式看出，要求出施工标高，必须先确定角点的设计标高。为此，具体计算时，要通过平整标高反推出设计标高。设计中通常取原地面高程的平均值（算术平均或加权平均）作为平整标高。平整标高的含义就是将一块高低不平的地面在保证土方平衡的条件下，挖高垫低使地面水平，这个水平地面的高程就是平整标高。它是根据平整前和平整后土方数相等的原理求出的。当平整标高求得后，就可用图解法或数学分析法来确定平整标高的位置，再通过地形设计坡度，可算出各角点的设计标高，最后将施工标高求出。

（3）零点位置

零点是指不挖不填的点，零点的连线即为零点线，它是填方与挖方的界定线，因而零点线是进行土方计算和土方施工的重要依据之一。要识别是否有零点存在，只要看一个方格内是否同时有填方与挖方，如果同时有，则说明一定存在零点线。为此，应将此方格的零点求出，并标于方格网上，再将零点相连，即可分出填挖方区域，该连线即为零点线。

零点可通过下式求得，如图 2-4（a）所示：

$$x = \frac{h_1}{h_1 + h_2}a$$

式中　x——零点距 h_1 一端的水平距离（m）；

　　h_1、h_2——方格相邻二角点的施工标高绝对值（m）；

　　　a——方格边长。

零点的求法还可采用图解法，如图 2-4（b）所示。方法是将直尺放在各角点上标出相应的比例，而后用尺相接，凡与方格交点的为零点位置。

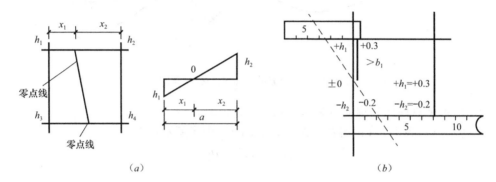

图 2-4　求零点位置示意图

（a）数学分析法；（b）图解法

（4）计算土方工程量

根据各方格网底面积图形以及相应的体积计算公式（表 2-3）来逐一求出方格内的挖方量或填方量。

方格网计算土方量计算公式表　　　　　　　　　　　　　表 2-3

项　目	图　示	计算公式
一点填方或挖方（三角形）		$V = \frac{1}{2}bc\frac{\sum h}{3} = \frac{bch_3}{6}$ 当 $b=c=a$ 时，$V = \frac{a^2 h_3}{6}$
二点填方或挖方（梯形）		$V = \frac{b+c}{2}a\frac{\sum h}{4} = \frac{a}{8}(b+c)(h_1+h_3)$ $V = \frac{d+e}{2}a\frac{\sum h}{4} = \frac{a}{8}(d+e)(h_2+h_4)$

项　目	图　示	计算公式
三点填方或挖方（五角形）		$V = \left(a^2 - \dfrac{bc}{2}\right)\dfrac{\Sigma h}{5}$ $= \left(a^2 - \dfrac{bc}{2}\right)\dfrac{h_1 + h_2 + h_4}{5}$
四点填方或挖方（正方形）		$V = \dfrac{a^2}{4}\Sigma h = \dfrac{a^2}{4}(h_1 + h_2 + h_3 + h_4)$

注：1. a 为方格网的边长（m）；b、c 为零点到一角的边长（m）；h_1、h_2、h_3、h_4 为方格网四点脚的施工高程（m）；用绝对值代入；Σh 为填方或挖方施工高程的总和（m），用绝对值代入；V 为挖方或填方体积（m³）。

2. 本表公式是按各计算图形底面乘以平均施工高程而得出的。

（5）计算土方总量

将填方区所有方格的土方量（或挖方区所有方格的土方量）累计汇总，即得到该场地填方和挖方的总土方量，最后填入汇总表。

2.2.3　绿地喷灌工程计算

绿地喷灌工程计算见表 2-4。

绿地喷灌工程计算　　　　　　　　　　　　表 2-4

序号	项　目	说　明
1	灌水量计算	喷灌一次的灌水量可采用以下公式来计算： $$h = \dfrac{h_净}{\varphi}$$ 式中　h——一次灌水量（mm）； 　　　$h_净$——根据树种确定的每日每次需要的纯灌水量（mm）； 　　　φ——利用系数，一般在 65%～85% 之间。 计算时，利用系数 φ 的确定可根据水分蒸发量大小而定。气候干燥，蒸发量大的喷灌不容易做到均匀一致，而且水分损失多，因此利用系数应选较小值，具体设计时常取 $\varphi = 70\%$；如果是在湿润环境中，水分蒸发较少则应取较大的系数值
2	灌溉时间计算	灌水量多少和灌溉时间的长短有关系。每次灌溉的时间长短可以按照以下公式计算确定： $$T = \dfrac{h}{\rho}$$ 式中　T——支管或喷头每次喷灌纯工作时间（h）； 　　　ρ——喷灌强度（mm/h）
3	喷灌系统的用水量计算	整个喷灌系统需要的用水量数据，是确定给水管管径及水泵选择所必需的设计依据。这个数据可用如下公式求出： $$Q = nq$$ 式中　Q——用水量（m³/h）； 　　　n——同时喷灌的喷头数； 　　　q——喷头流量（m³/h），$q = \dfrac{LbP}{1000}$ 　　　L——相邻喷头的间距（m）； 　　　b——支管的间距（m）； 　　　P——设计喷灌强度（mm/h）。 在采用水泵供水时，显然，用水量 Q 实际上就是水泵的流量

序号	项 目	说 明
4	水头计算	水头要求是设计喷灌系统不可缺少的依据之一。喷灌系统中管径的确定、引水时对水压的要求及对水泵的选择等，都离不开水头数据。以城市给水系统为水源的喷灌系统，其设计水头可用下式来计算： $$H = H_管 + H_弯 + H_喷 + H_{立管高度} + H_{地形高差}$$ 式中　H——设计水头（m）； 　　　$H_管$——管道沿程水头损失（m）； 　　　$H_弯$——管道中各弯道、阀门的水头损失（m）； 　　　$H_喷$——最后一个喷头的工作水头（m）。 如果公园内是自设水泵的独立给水系统，则水泵扬程（水头）可按下式算出： $$H = H_实 + H_管 + H_弯 + H_喷$$ 式中　H——水泵的扬程（m）； 　　　$H_实$——实际扬程，等于水泵的扬程与水泵轴到最末一个喷头的垂直高度之和。 喷灌系统设计流量应大于全部同时工作的喷头流量之和。$Q = n\rho$ ［Q 为喷灌系统设计流量，ρ 为一个喷头的流盘（mm³/h），n 为喷头数量］。水泵选择中功率大小计算可采用下列公式： $$N = \frac{1000\rho K}{75\eta_泵\ \eta_{传动}} Q_泵\ H_泵$$ 式中　N——动力功率（马力）； 　　　K——动力备用系数，1.1～1.3； 　　　$\eta_泵$——水泵的效率； 　　$\eta_{传动}$——传动效率，0.8～0.95； 　　　$Q_泵$——水泵的流量（m³/h）； 　　　$H_泵$——水泵扬程（m）； 　　　ρ——水的密度（t/m³）。 因为 1 马力＝0.736kW，所以上式可改为： $$N = \frac{9.81K}{\eta_泵\ \eta_{传动}} Q_泵\ H_泵$$ 于是两点之间的水头损失 H_f，如图 2-5 所示。 伯努力定理的数学表达式为： $$H_t = h_1 + \frac{v_1^2}{2g} + Z_1 + H_{f(0-1)}$$ $$= h_2 + \frac{v_2^2}{2g} + Z_2 + H_{f(0-2)}$$ $$= h_3 + \frac{v_3^2}{2g} + Z_3 + H_{f(0-3)}$$ 式中　　　　　　　　H_t——断面（0）处的总水头，或高程基准面以上的总高度（m）； 　　h_1、h_2、h_3——断面（1）、（2）、（3）处的静水头，即测压管水柱高度（m）； 　　v_1、v_2、v_3——断面（1）、（2）、（3）处管道中的平均流速（m/s）； 　　Z_1、Z_2、Z_3——断面（1）、（2）、（3）处管道轴线高（m）； $H_{f(0-1)}$、$H_{f(0-2)}$、$H_{f(0-3)}$——断面（0）—（1）、（0）—（2）、（0）—（3）之间的水头损失，它包括沿程水头损失和局部水头损失（m）。 沿程水头损失的计算公式如下： （1）有压管流程水头损失的计算通常采用达西一魏斯巴赫公式： $$h_f = \lambda\frac{l}{d}\frac{v^2}{2g}$$ 式中　h_f——管道沿程水头损失（m）； 　　　λ——管道沿程阻力系数； 　　　l——管道长度（m）； 　　　d——管道内径（m）； 　　　v——管道断面平均流速（m/s）； 　　　g——重力加速度，为 9.81m/s²。 （2）管道沿程阻力系数又随管道中水的流态不同而异。对于层流（$Re < 2300$），沿程阻力系数可由下式求得：$\lambda = \dfrac{64}{Re}$

序号	项　目	说　明
4	水头计算	式中　λ——管道沿程阻力系数； Re——雷诺数。 对于紊流（$Re>2300$），沿程阻力系数由试验研究确定。 （3）为了便于实际应用，通常将沿程水头损失表示为流量（或流速）的指数函数和管径的指数函数的单项式，即： $$h_f = f\frac{Q^m}{d^b}l = S_0 Q^m l$$ 式中　h_f——管道沿程水头损失（m）； f——摩阻系数； l——管道长度（m）； Q——流量（m^3/s）； d——管道内径（m）； m——流量指数，与沿程阻力系数有关； b——管径指数，与沿程阻力系数有关； S_0——比阻，即单位管长、单位流量时的沿程水头损失。比阻 S_0 可用下式表示：$S_0 = \dfrac{f}{d^b} = \dfrac{8\lambda}{\pi^2 g d^5}$ 式中符号的意义同前，其中摩阻系数、流量指数和管径指数与管道材质和内壁糙度有关

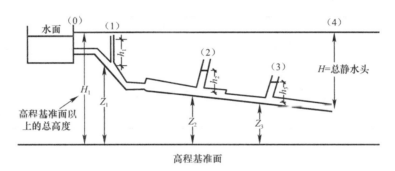

图 2-5　有压管流"能量守恒"原理

2.3　绿化工程工程量手算实例解析

【例 2-1】　如图 2-6 所示为某绿地整理的一部分，包括树、树根、灌木丛、竹根、芦苇根以及草皮的清理，其中，芦苇面积约 $18m^2$，草皮面积约 $93m^2$。试根据已知条件计算工程量。

【解】

（1）清单工程量

1）砍伐乔木 15 株（按估算数量计算，树干胸径 13cm）。

2）挖树根 17 株（按估算数量计算，树干胸径 10cm）。

3）砍挖灌木丛 4 株（按估算数量计算，丛高 1.5m）。

4）挖竹根 1 株丛（按估算数量计算，根盘直径 5cm）。

5）挖芦苇根 18.00m^2（按估算数量计算，丛高 1.6m）。

6）清除草皮 93.00m^2（按估算数量计算，丛高 25cm）。

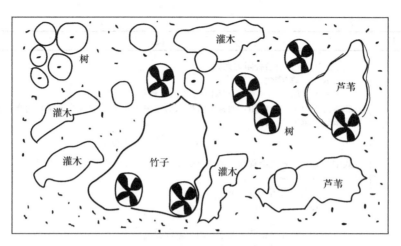

图 2-6　绿地整理局部示意图

清单工程量计算见表 2-5。

清单工程量计算表　　　　　　　　　　　　　　　　表 2-5

序号	项目编码	项目名称	项目特征描述	工程量合计	计量单位
1	050101001001	砍伐乔木	树干胸径：13cm	15	株
2	050101002001	挖树根（蔸）	树干胸径：10cm 以内	17	株
3	050101003001	砍挖灌木丛及根	丛高：1.5m	4	株
4	050101004001	砍挖竹及根	根盘直径：5cm	1	株（丛）
5	050101005001	砍挖芦苇（或其他水生植物）及根	丛高：1.6m	18.00	m²
6	050101006001	清除草皮	丛高：25cm	93.00	m²

（2）定额工程量

1）伐树、挖树根：

① 伐树 15 株，离地面 20cm 处树干直径 30cm 以内套定额 1-12，40cm 以内套定额 1-13，50cm 以内套定额 1-14，50cm 以外套定额 1-15。

② 挖树根 17 株，离地面 20cm 处树干直径 30cm 以内套定额 1-16，40cm 以内套定额 1-17，50cm 以内套定额 1-18，50cm 以外套定额 1-19。

2）砍挖灌木丛 $2.1 \times 10m^2 = 21m^2$（数据由设计图纸得出），砍挖灌木林，胸径 10cm 以下，套定额 1-20，10cm 以外套定额 1-21，单位：m²。

3）挖竹根 0.3（10m³），$25 \times 0.12m^3 = 3m^3$（数据由设计尺寸得出），套定额 1-23，单位：10m³。

4）挖芦苇根 18m²，套定额 1-1-补₁，单位：m²。

5）清除草皮 9.3（10m²），套定额 1-22，单位：10m²。

【例 2-2】　某地为扩建需要，需将图 2-7 绿地上的树、树根、灌木丛、竹子根、芦苇根（约 10m²）以及草皮（约 120m²）都要全部清除干净，试根据已知条件计算其清单工程量。

【解】

（1）砍伐乔木（树干胸径均在 30cm 以内）

银杏：5 株　　　五角枫：5 株　　　白蜡：3 株　　　白玉兰：3 株　　　木槿：3 株

以上均按估算数量计算。

（2）挖树根（蔸）

银杏：5 株　　五角枫：5 株　　白蜡：3株　白玉兰：3 株　　木槿：3 株

以上均按估算数量计算。

（3）砍挖灌木丛及根

紫叶小檗：480 株 （按估算数量计算）（丛高 1.6m）

大叶黄杨：360 株 （按估算数量计算）（丛高 2.5m）

（4）砍挖竹及根

竹林：160 株 （按估算数量计算）（根直径 10cm）

（5）砍挖芦苇（或其他水生植物）及根。

芦苇根：10m² （按估算数量计算）（丛高 1.8m）

（6）清除草皮

白三叶草及缀花小草 120m² （按估算面积计算）（丛高 0.6m）

清单工程量计算见表 2-6。

图 2-7　某绿地局部示意图

1—银杏；2—白蜡；3—白玉兰；4—五角枫；

5—木槿；6—紫叶小檗；7—大叶黄杨；8—白三叶

及缀花小草；9—竹林

清单工程量计算表　　　　　　　　　　　　　　　　　　表 2-6

序号	项目编码	项目名称	项目特征描述	工程量合计	计量单位
1	050101001001	砍伐乔木	树干胸径：在 30cm 以内	19	株
2	050101002001	挖树根	地径：30cm 以内	19	株
3	050101003001	砍挖灌木丛及根	丛高：1.6m	480	株
4	050101003002	砍挖灌木丛及根	丛高：2.5m	360	株
5	050101004001	砍挖竹及根	根盘直径：10cm	160	株
6	050101005001	砍挖芦苇及根	丛高：1.8m	10.00	m²
7	050101006001	清除草皮	丛高：0.6m	120.00	m²

【例 2-3】　如图 2-8 所示为某广场内绿地示意图，现进行植被更新，绿地面积为330m²，绿地中两个灌木丛占地面积为 60m²，竹林面积为 40m²，挖出土方量为 40m³。场地需要重新平整，绿地内为普坚土，挖出土方量为 120m³，种入植物后还余 35m³，请根据已知条件计算其清单工程量。

【解】

（1）砍伐乔木

毛白杨：23 株　　红叶李：7 株

（2）挖树根（蔸）

毛白杨：23 株　　红叶李：7 株

（3）砍挖灌木丛及根

月季：64 株

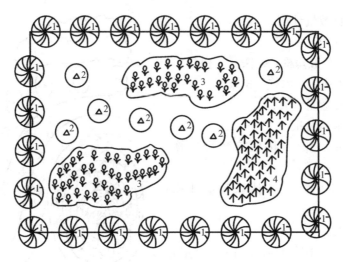

图 2-8　某小区绿地示意图

1—毛白杨；2—红叶李；3—月季；4—竹子

（4）砍挖竹及根

竹子：50 株

（5）草皮面积

$$草皮面积 = 总绿化面积 - 灌木丛面积 - 竹林面积$$

即：　　　　草皮的面积 $= 330 - 60 - 40 = 230.00\text{m}^2$

（6）人工整理绿化用地：330.00m²

挖出的土方：　　　　　　　　$V_{挖} = 120.00\text{m}^3$

剩余的土方：　　　　　　　　$V_{余} = 35.00\text{m}^3$

填入的土方：

$$V_{填} = V_{挖} - V_{余}$$
$$= 120 - 35$$
$$= 85.00\text{m}^3$$

清单工程量计算见表 2-7。

清单工程量计算表　　　　　　　　　表 2-7

序号	项目编码	项目名称	项目特征描述	工程量合计	计量单位
1	050101001001	砍伐乔木	1. 种类：毛白杨 2. 胸径：离地面 20cm 处树干直径在 30cm 以内	15	株
2	050101001002	砍伐乔木	1. 种类：毛白杨 2. 胸径：离地面 20cm 处树干直径在 40cm 以内	8	株
3	050101001003	砍伐乔木	1. 种类：红叶李 2. 胸径：离地面 20cm 处树干直径在 30cm 以内	7	株
4	050101002001	挖树根（蔸）	1. 种类：毛白杨 2. 地径：30cm 以内	15	株
5	050101002002	挖树根（蔸）	1. 种类：毛白杨 2. 地径：40cm 以内	8	株

序号	项目编码	项目名称	项目特征描述	工程量合计	计量单位
6	050101002003	挖树根（蔸）	1. 种类：红叶李 2. 地径：30cm以内	7	株
7	050101003001	砍挖灌木丛及根	1. 种类：月季 2. 胸径：10cm以下	64	株
8	050101004001	砍挖竹及根	根盘直径：12cm	50	株
9	050101006001	消除草皮	草皮种类：黑麦草草皮	230.00	m²
10	050101010001	整理绿化用地	1. 回填土土质：二类土 2. 回填厚度：20cm	330.00	m²
11	010101002001	挖一般土方	土壤类别：普坚土	120.00	m³
12	010103001001	回填方	土壤类别：普坚土	85.00	m³

【例2-4】 某公园进行局部绿化施工，整体为草地（铺栽结缕草）及踏步，踏步厚度为120mm，踏步下用灰土垫层，如图2-9所示。试计算铺种草皮、踏步现浇混凝土及灰土垫层的工程量。

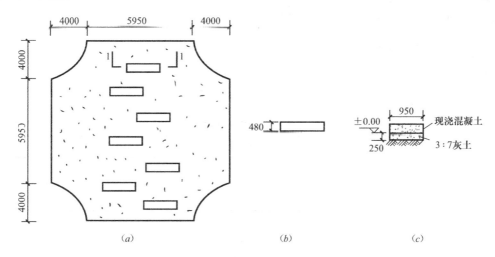

图 2-9 某公园局部绿化示意图
（a）平面图；（b）踏步平面图；（c）1-1剖面图

【解】

（1）铺种草皮工程量

$$S_{铺草} = (4 \times 2 + 5.95)^2 - \frac{3.14 \times 4^2}{4} \times 4 - 0.95 \times 0.48 \times 7$$

$$= 141.17 m^2$$

（2）踏步工程量

$$V_{踏步} = Sh$$

$$= 0.95 \times 0.48 \times 0.12 \times 7$$

$$= 0.38 m^3$$

（3）3：7灰土垫层工程量

$$V_{垫层} = 0.95 \times 0.48 \times 0.25 \times 7$$

$$= 0.80 m^3$$

清单工程量计算表见表2-8。

清单工程量计算表 表2-8

序号	项目编码	项目名称	项目特征描述	工程量合计	计量单位
1	050102012001	铺种草皮	1. 草皮种类：结缕草 2. 铺种方式：铺栽法	141.17	m²
2	010507007001	其他构件	1. 构件的类型：踏步 2. 混凝土种类：现浇混凝土 3. 混凝土强度：C20	0.38	m³
3	010501001001	垫层	1. 垫层材料种类：3∶7灰土 2. 垫层厚度：250mm	0.80	m³

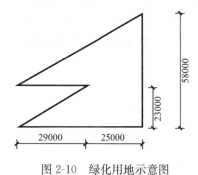

图2-10 绿化用地示意图

【例2-5】 现有一不太规则的绿化用地，如图2-10所示。回填为轻壤土质，取土运距1000m，回填厚度为15cm。试根据已知条件计算其工程量。

【解】

（1）清单工程量

$$S = (58+23) \times (25+29) \times 0.5 - 0.5 \times 23 \times 29$$
$$= 1853.5 \text{m}^2$$

清单工程量计算表见表2-9。

清单工程量计算表 表2-9

序号	项目编码	项目名称	项目特征描述	工程量合计	计量单位
1	050101010001	整理绿化用地	1. 回填土质要求：轻壤土质 2. 取土运距：1000m 3. 回填厚度：15cm	1853.5	m²

（2）定额工程量

$$S = 1853.5 \text{m}^2$$

1）人工整理绿化用地套用定额1-1。

2）挖土方工程量以m³为单位计算，挖普坚土套用定额1-2，挖砂砾坚土套用定额1-3。

3）人工回填土套用定额1-4。

4）原土过筛套用定额1-5。

【例2-6】 某公共绿地，因工程建设需要，需进行重建。绿地面积为300m²，原有18株乔木需要伐除，其胸径18cm、地径25cm；绿地需要进行土方堆土造型计180m³，平均堆土高度60cm；新种植树种为：香樟32株，胸径25cm，冠径300～350cm；新铺草坪为：百慕大满铺300m²，苗木养护期均为一年。试计算该绿化工程分部分项工程工程量。

【解】

（1）砍伐乔木工程量 18株

（2）整理绿化用地工程量 300m²

（3）绿地起坡造型工程量 180m³

（4）栽植乔木工程量 32株

（5）铺种草皮工程量 300m²

分部分项工程和单价措施项目清单与计价表见表2-10。

清单工程量计算表 表2-10

序号	项目编码	项目名称	项目特征描述	工程量合计	计量单位
1	050101001001	砍伐乔木	树干胸径：18cm	18	株
2	050101010001	整理绿化用地	1. 回填土质要求：富含有机质种植土 2. 取土运距：根据场内挖填平衡，自行考虑土源及运距 3. 回填厚度：≤30cm 4. 弃渣运距：自行考虑	300	m²
3	050101011001	绿地起坡造型	1. 回填土质要求：富含有机质种植土 2. 取土运距：自行考虑 3. 起坡平均高度：60cm	180	m³
4	050102001001	栽植乔木	1. 种类：香樟 2. 胸径：25cm 3. 冠径：300～350cm 4. 养护期，一年	32	株
5	050102012001	铺种草皮	1. 草皮种类：百慕大 2. 铺种方式：满铺 3. 养护期：一年	300	m²

【例2-7】 某屋顶花园如图2-11所示，试根据已知条件求屋顶花园基底处理工程量。（找平层厚170mm，防水层厚160mm，过滤层厚60mm，需填轻质土壤160mm）。

【解】

（1）清单工程量

$$S = (5.2+6.8) \times (13.5+6.4)$$
$$-4.4 \times 5.8 - 6.4 \times 6.8$$
$$= 238.8 - 25.52 - 43.52$$
$$= 169.76m²$$

清单工程量计算表见表2-11。

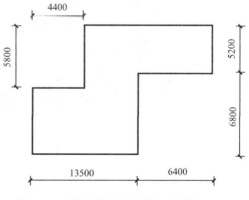

图2-11 某屋顶花园示意图（单位：mm）

清单工程量计算表 表2-11

序号	项目编码	项目名称	项目特征描述	工程量合计	计量单位
1	050101012001	屋顶花园基底处理	1. 找平层厚度：170mm 2. 防水层厚度：160mm 3. 过滤层厚度：60mm 4. 回填轻质土壤厚度：160mm	169.76	m²

（2）定额工程量

1）找平层：169.76m²

① 找平层抹防水砂浆平面套用定额1-33。

② 找平层抹防水砂浆立面套用定额1-34。

2）防水层：169.76m²

① SBS弹性沥青防水层平面套用定额1-36；立面套用定额1-37。

② SBS改性沥青油毡防水层平面套用定额1-38；立面套用定额1-39。

3）过滤层：169.76m²

① 滤水层回填级配卵石套用定额1-40。

② 滤水层回填陶粒套用定额1-41。

③ 滤水层土工布过滤层套用定额1-42。

4）轻质土壤：169.76×0.16＝27.16m³

套用定额1-49。

【例2-8】 如图2-12所示为某公园绿化的局部，以栽植花木为主，攀缘植物约90株，各种花木已在图中标出，试根据图中已知求其工程量（养护期均为3年）。

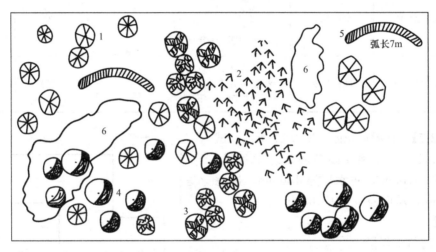

图2-12 某小区绿化局部示意图

1—乔木；2—竹类；3—棕榈类；4—灌木；5—绿篱；6—攀缘植物

【解】

（1）清单工程量

1）栽植乔木 16株

2）栽植竹类 1丛

3）栽植棕榈类 13株

4）栽植灌木 14株

5）栽植绿篱

$$L = 7 \times 2$$
$$= 14m$$

6）栽植攀缘植物90株

清单工程量计算见表2-12。

清单工程量计算表 表 2-12

序号	项目编码	项目名称	项目特征描述	工程量合计	计量单位
1	050102001001	栽植乔木	养护期：养护期 3 年	16	株
2	050102003001	栽植竹类	养护期：养护期 3 年	1	丛
3	050102004001	栽植棕榈类	养护期：养护期 3 年	13	株
4	050102002001	栽植灌木	养护期 3 年	14	株
5	050102005001	栽植绿篱	1. 行数：2 行 2. 养护期：养护 3 年	14	m
6	050102006001	栽植攀缘植物	养护期：养护期 3 年	90	株

（2）定额工程量

1）栽植乔木 16 株

① 普坚土种植裸根乔木胸径 5cm 以内、7cm 以内、10cm 以内、12cm 以内、15cm 以内、20cm 以内、25cm 以内分别套定额 2-1、2-2、2-3、2-4、2-5、2-6、2-7。

② 砂砾坚土种植裸根乔木胸径 5cm 以内、7cm 以内、10cm 以内、13cm 以内、15cm 以内、20cm 以内、25cm 以内分别套定额 2-44、2-45、2-46、2-47、2-48、2-49、2-50。

2）栽植竹类 1 丛，约 7200 株（单位为株）

① 普坚土种植：

a. 丛生竹球径 50cm×40cm、70cm×50cm、80cm×60cm 分别套定额 2-36、2-37、2-38。

b. 散生竹胸径 2cm 以内、4cm 以内、6cm 以内、8cm 以内、10cm 以内分别套定额 2-39、2-40、2-41、2-42、2-43。

② 砂砾坚土种植：

a. 丛生竹球径 50cm×40cm、70cm×50cm、80cm×60cm 分别套定额 2-79、2-80、2-81。

b. 散生竹胸径 2cm 以内、4cm 以内、6cm 以内、8cm 以内、10cm 以内分别套定额 2-82、2-83、2-84、2-85、2-86。

3）栽植灌木 14 株

① 普坚土种植裸根灌木高度 1.5m 以内、1.8m 以内、2m 以内、2.5m 以内分别套定额 2-8、2-9、2-10、2-11。

② 砂砾坚土种植裸根灌木高度 1.5m 以内、1.8m 以内、2m 以内、2.5m 以内分别套用定额 2-51、2-52、2-53、2-54。

4）栽植绿篱 14m

① 砂砾坚土种植：

a. 绿篱单行高度 0.6m、0.8m、1m、1.2m、1.5m、2m 以内分别套定额 2-55、2-56、2-57、2-58、2-59、2-60。

b. 绿篱双行高度 0.6m、0.8m、1m、1.2m、1.5m、2m 以内分别套定额 2-61、2-62、2-63、2-64、2-65、2-66。

② 普坚土种植：

a. 绿篱单行高度 0.6m、0.8m、1m、1.2m、1.5m、2m 以内分别套定额 2-12、2-13、2-14、2-15、2-16、2-17。

b. 绿篱双行高度 0.6m、0.8m、1m、1.2m、1.5m、2m 以内分别套定额 2-18、2-19、2-20、2-21、2-22、2-23。

5）栽植攀缘植物 9（10 株）（单位为 10 株）

攀缘植物生长年限 3 年生长、4 年生长、5 年生长、6～8 年生长分别套定额 2-87、2-88、2-89、2-90。

图 2-13　绿篱示意图

【例 2-9】　如图 2-13 所示为某小区绿化中的局部小叶女贞绿篱示意图，弧长为 19.3m，丛高 30cm，养护期为 1 年。该小区绿篱分为单排、双排和 6 排，试分别计算绿篱的工程量。

【解】

单排绿篱、双排绿篱均按设计图示长度以"m"计算，而多排绿篱则按设计图示以"m²"计算，则有：

（1）单排绿篱工程量

$$L_1 = 19.30\text{m}$$

（2）双排绿篱工程量

$$L_2 = 19.30 \times 2 = 38.60\text{m};$$

（3）6 排绿篱工程量

$$L_3 = 19.30 \times 0.745 \times 6 = 86.27\text{m}^2;$$

清单工程量计算见表 2-13。

清单工程量计算表　　　　　　　　　　　　　表 2-13

序号	项目编码	项目名称	项目特征描述	工程量合计	计量单位
1	050102005001	栽植绿篱	1. 种类：小叶女贞 2. 行数：单排 3. 养护：1 年	19.30	m
2	050102005002	栽植绿篱	1. 种类：小叶女贞 2. 行数：双排 3. 养护期：1 年	38.60	m
3	050102005003	栽植绿篱	1. 种类：小叶女贞 2. 行数：6 排 3. 养护期：1 年	86.27	m²

【例 2-10】　如图 2-14 所示为某公园的一角，栽种攀缘植物紫藤，共 8 株，养护期为 3 年。试根据已知条件计算其工程量。

【解】

（1）清单工程量

攀缘植物紫藤　8 株

清单工程量计算见表 2-14。

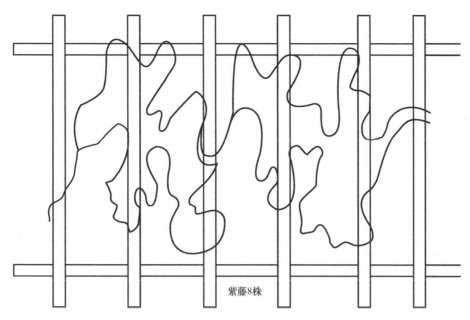

图 2.14 攀缘植物

清单工程量计算表

表 2-14

序号	项目编码	项目名称	项目特征描述	工程量合计	计量单位
1	050102006001	栽植攀缘植物	1. 植物种类：紫藤 2. 养护期：3 年	8	株

（2）定额工程量

攀缘植物紫藤 0.8（10 株）（单位：10 株）

植物生长年限不同，所用定额也不同：

3 年生长攀缘植物，套用定额 2-152。

4 年生长攀缘植物，套用定额 2-153。

5 年生长攀缘植物，套用定额 2-154。

5～8 年生长攀缘植物，套用定额 2-155。

【例 2-11】 如图 2-15 所示为某小区绿化中 "S" 形绿化色带示意图，半弧长为 6.8m，宽 1.9m。栽植金边黄杨，株高 35cm，栽植密度为 20 株/m²，试根据已知条件求平整场地、栽植色带的工程量（二类土，养护期为 1 年）。

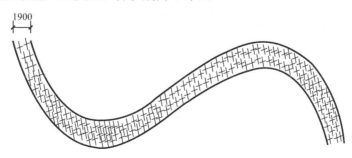

图 2-15 "S" 形绿化色带示意图

【解】

（1）清单工程量

1）平整场地

$$平整场地面积 = 弧长 \times 宽$$
$$S = 6.8 \times 1.9 \times 2 = 25.84\text{m}^2$$

2）栽植色带

"S"形绿化色带面积

$$S = 6.8 \times 1.9 \times 2 = 25.84\text{m}^2$$

清单工程量计算见表 2-15。

清单工程量计算表　　　　　　　　　　　　　　　　　　表 2-15

序号	项目编码	项目名称	项目特征描述	工程量合计	计量单位
1	050101010001	整理绿化用地	回填土质要求：二类土	25.84	m²
2	050102007001	栽植色带	1. 苗木种类：金边黄杨 2. 株高：40cm 3. 单位面积株数：20 株 4. 养护期：1 年	25.84	m²

（2）定额工程量

1）人工整理绿化用地：25.84m²，色带高度 0.8m 以内，套用定额 1-1。

2）栽植色带：2.58（10m²），套用定额 2-24。

【例 2-12】 某学校栽植紫花酢浆草色带，如图 2-16 所示，高 0.2～0.3m，色带共 6 条。求栽植色带的工程量。

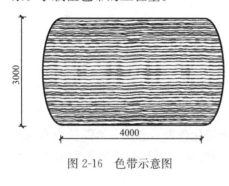

图 2-16　色带示意图

【解】

单条色带工程量：

$$S = 4 \times 3 + \pi r^2$$
$$= 12 + 3.14 \times (1.5)^2$$
$$= 19.07\text{m}^2$$

六条色带的工程量：

$$S = 19.07 \times 6$$
$$= 114.42\text{m}^2$$

【例 2-13】 如图 2-17 所示为某栽植工程局部示意图，图中有一花坛，长 6m，宽 2m，栽植 98 株玫瑰花。红花继木色带弧长均为 16m 色带宽 2m；草皮约 245m²；喷播植草 85m²。求其工程量（植物养护期为 2 年）。

【解】

（1）清单工程量

1）栽植色带：

$$L = 19 \times 2 \times 2$$
$$= 76\text{m}^2$$

34

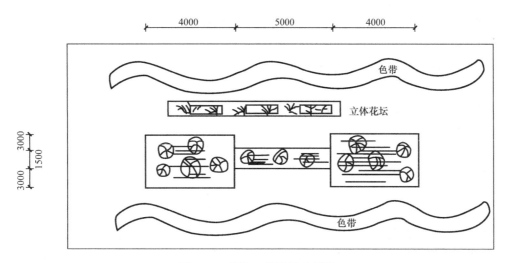

图 2-17　栽植工程局部示意图

2）栽植花卉　98 株

3）栽植水生植物　13 丛

4）铺种草皮　245.00m²

5）喷播植草　85.00m²

清单工程量计算见表 2-16。

清单工程量计算表　　　　　　　　　　　　　　　表 2-16

序号	项目编码	项目名称	项目特征描述	工程量合计	计量单位
1	050102007001	栽植色带	1. 苗木种类：红花继木 2. 养护期：2 年	76	m²
2	050102008001	栽植花卉	1. 花卉种类：玫瑰花 2. 养护期：2 年	98	株
3	050102009001	栽植水生植物	1. 植物种类：荷花 2. 养护期：2 年	13	丛
4	050102012001	铺种草皮	1. 草皮种类：冷季型草 2. 铺种方式：满铺 3. 养护期：2 年	245	m²
5	050102013001	喷播植草（灌木）籽	1. 草籽种类：白三叶籽 2. 养护期：2 年	85	m²

（2）定额工程量

1）栽植色带

① 普坚土种植：

$$76(m^2) = 7.6(10m^2)（单位：10m^2）$$

色带高度 0.8m 以内、1.2m 以内、1.5m 以内、1.8m 以内分别套定额 2-24、2-25、2-26、2-27。

② 砂砾坚土种植：

$$76m^2 = 7.6(10m^2)$$

色带高度 0.8m、1.2m、1.5m、1.8m 以内分别套定额 2-67、2-68、2-69、2-70。

2）栽植花卉 9.8（10 株）（单位：10 株）

由于是立体花坛，故而套定额 2-99。

3）栽植水生植物约 130 株，即为 13（10 株）（单位：10 株）

水生植物为荷花套定额 2-101。

4）铺种草皮

$$245（m^2）= 24.5（10m^2）（单位：10m^2）$$

铺草卷套定额 2-92。

5）喷播植草

$$85m^2 = 0.85（100m^2）（单位：100m^2）$$

① 坡度 1∶1 以下：8m 以内、12m 以内、12m 以外，分别套定额 2-103、2-104、2-105。

② 坡度 1∶1 以上：8m 以内、12m 以内、12m 以外，分别套定额 2-106、2-107、2-108。

【例 2-14】 如图 2-18 所示为某公园局部绿化示意图，共有 4 个出入口，同时有 4 个一样大小的花坛，请计算撒播高麦草草皮、喷播大叶黄杨籽的工程量（养护期为 2 年）。

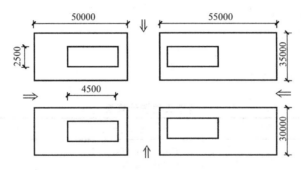

图 2-18 某局部绿化示意图（单位：mm）

【解】

（1）清单工程量

1）铺种草皮：

$$S = 50 \times (35 + 30) + 55 \times (35 + 30) - 4.5 \times 2.5 \times 4$$
$$= 6780m^2$$

2）模纹种植：

$$S = 4.5 \times 2.5 \times 4$$
$$= 45m^2$$

清单工程量计算见表 2-17。

清单工程量计算表 表 2-17

序号	项目编码	项目名称	项目特征描述	工程量合计	计量单位
1	050102012001	铺种草皮	1. 草皮种类：高麦草 2. 养护期：2 年	6780.00	m²
2	050102013001	喷播植草（灌木）籽	1. 灌木籽种类：大叶黄杨 2. 养护期：2 年	45.00	m²

（2）定额工程量同清单工程量

【例 2-15】 如图 2-19 所示为某草地中喷灌的局部平面示意图，管道长为 150m，管道埋于地下 0.5m 处。其中管道采用镀锌钢管，公称直径为 95mm；阀门为低压塑料丝扣阀门，外径为 30mm；水表采用螺纹连接，公称直径为 35mm；换向摇臂喷头，微喷。管道刷红丹防锈漆 2 遍。试根据已知条件计算喷灌管线安装工程量。

图 2-19 喷泉局部
平面示意图

【解】

（1）清单工程量

1）喷灌管线安装：

$$L = 150m$$

2）喷灌配件安装：12 个

清单工程量计算表见表 2-18。

清单工程量计算表 表 2-18

序号	项目编码	项目名称	项目特征描述	工程量合计	计量单位
1	050103001001	喷灌管线安装	1. 钢管品种、规格：镀锌钢管，DN95 2. 油漆品种、刷漆遍数：刷红丹防锈漆 2 遍	150	m
2	050103002001	喷灌配件安装	1. 阀门品种、规格：低压塑料丝扣阀门，DN30 2. 油漆品种、刷漆遍数：刷红丹防锈漆 2 遍	12	个
3	050103002002	喷灌配件安装	1. 喷头品种：换向摇臂喷头 2. 油漆品种、刷漆遍数：刷红丹防锈漆 2 遍	12	个

（2）定额工程量

1）挖土石方：

$$V = 0.095 \times 150 \times 0.5$$
$$= 7.13m^3$$

套用定额 1-4。

2）管道安装 150m（单位：m）（镀锌钢管）

由于管道公称直径为 85mm，在 100mm 之内，套用定额 5-9。

3）阀门安装 5 个（由设计图决定，单位：个）

低压塑料丝扣阀门，外径在 32mm 以内，套用定额 5-65。

4）水表安装 2 组（由设计图决定，单位：组）

水表采用螺纹连接，公称直径在 40mm 以内，套用定额 5-77。

5）喷灌喷头安装 12 个（由设计图决定，单位：个）

喷灌喷头为换向摇臂喷头，套用定额 5-83，微喷套用定额 5-87。

6）刷红丹防锈漆 2 遍 15（10m）（单位：10m）

公称直径在 100mm 以内，套用定额 5-98。

【例 2-16】 某绿地地面下埋有喷灌设施,采用镀锌钢管,水表采用法兰连接(带弯通管和止回阀),喷头埋藏旋转散射,阀门为公称直径 50mm 的低压丝扣阀门,管道刷红丹防锈漆两道 $L=170m$,厚 120mm。喷灌管道系统如图 2-20 所示,试计算其定额工程量。

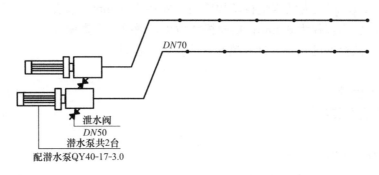

图 2-20 喷灌管道系统示意图

【解】
(1) 挖土方
$$V = 0.07 \times 170 \times (0.13 + 0.07)$$
$$= 2.38m^3$$

套用定额 1-4。

(2) 管道系统(镀锌钢管 $DN80$) 170m

套用定额 5-8。

(3) 阀门安装

泄水阀 2 个

低压丝扣阀门 12 个

套用定额 5-45。

(4) 水表安装 2 组

水表采用法兰连接(带弯通管和止回阀),公称直径 80mm 以内,套用定额 5-80。

(5) 喷灌喷头安装 12 个

喷头为埋藏旋转、散射,套用定额 5-82。

(6) 管道刷红丹防锈漆两道 17(单位:10m)

公称直径在 80mm 以内,套用定额 5-97。

【例 2-17】 某绿地喷灌设施图如图 2-21 所示,主管道为镀锌钢管 $DN40$,承压力为 2MPa,管口直径为 25mm;分支管道为 UPVC 管,承压力为 1MPa,管口直径为 22mm,管道上装有低压螺纹阀门,直径为 25mm。主管道长度分别为 70m 和 90m,分支管道每条长 15m,管道口装有喇叭口喷头。管道刷红丹防锈漆 2 遍。试求其清单工程量。

【解】

(1) 镀锌钢管 $DN40$ 2 根(每根承压力为 2MPa,管口直径为 25mm,长度分别为 65m 和 85m)

(2) UPVC 管 22 根(每根承压力为 1MPa,管口直径为 22mm,每根长 20m)

(3) 螺纹阀门 6 个(直径为 25mm)

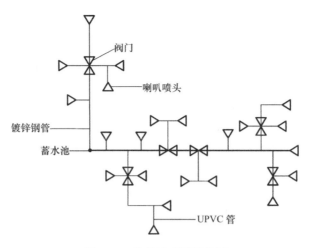

图 2-21 某绿地喷灌设施图

(4)喇叭喷头 22个

清单工程量计算见表 2-19。

清单工程量计算表 表 2-19

序号	项目编号	项目名称	项目特征描述	工程量合计	计算单位
1	050103001001	喷灌管线安装	1. 钢管品种、规格：镀锌钢管，DN40 2. 油漆品种、刷漆遍数：刷红丹防锈漆 2 遍	160.00	m
2	050103001002	喷灌管线安装	1. 阀门品种、规格：UPVC 管，DN22 2. 油漆品种、刷漆遍数：刷红丹防锈漆 2 遍	330.00	m
3	050103002001	喷灌配件安装	1. 阀门品种、规格：低压塑料丝扣阀门，DN25 2. 油漆品种、刷漆遍数：刷红丹防锈漆 2 遍	6	个
4	050103002002	喷灌配件安装	1. 阀门品种：喇叭喷头 2. 油漆品种、刷漆遍数：刷红丹防锈漆 2 遍	22	个

【例 2-18】 某公园绿地，共栽植广玉兰 38 株（胸径 7～8cm），旱柳 83 株（胸径 9～10cm），养护期为 3 年，如图 2-22 所示。试计算工程量，并填写分部分项工程量清单与计价表和工程量清单综合单价分析表。

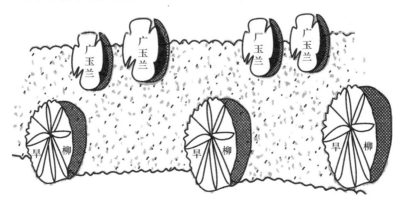

图 2-22 种植示意图

【解】

根据施工图计算可知：

广玉兰（胸径7~8cm），38株，旱柳（胸径9~10cm），83株，共121株

（1）广玉兰（胸径7~8cm），38株

1）普坚土种植（胸径7~8cm）：

① 人工费：14.37×38＝546.06元

② 材料费：5.99×38＝227.62元

③ 机械费：0.34×38＝12.92元

④ 合计：786.6元

2）普坚土掘苗，胸径10cm以内：

① 人工费：8.47×38＝321.86元

② 材料费：0.17×38＝6.46元

③ 机械费：0.20×38＝7.6元

④ 合计：335.92元

3）裸根乔木客土（100×70）胸径7~10cm：

① 人工费：3.76×38＝142.88元

② 材料费：0.55×38×5＝104.5元

③ 机械费：0.07×38＝2.66元

④ 合计：250.04元

4）场外运苗，胸径10cm以内，38株：

① 人工费：5.15×38＝195.7元

② 材料费：0.24×38＝9.12元

③ 机械费：7.00×38＝266元

④ 合计：470.82元

5）广玉兰，（胸径7~8cm）：

① 材料费：76.5×38＝2907元

② 合计：2907元

6）综合：

① 直接费小计：4750.38元，其中人工费：1206.5元

② 管理费：4750.38×34％＝1615.13元

③ 利润：4750.38×8％＝380.03元

④ 小计：4750.38＋1615.13＋380.03＝6745.54元

⑤ 综合单价：6745.54÷38＝177.51元/株

（2）旱柳（胸径9~10cm），83株

1）普坚土种植（胸径7~8cm）：

① 人工费：14.37×83＝1192.71元

② 材料费：5.99×83＝497.17元

③ 机械费：0.34×83＝28.22元

④ 合计：1718.1元

2）普坚土掘苗，胸径10cm以内：

① 人工费：8.47×83＝703.01元

② 材料费：0.17×83＝14.11元

③ 机械费：0.20×83＝16.6元

④ 合计：733.72元

3）裸根乔木客土（100×70）胸径7～10cm：

① 人工费：3.76×83＝312.08元

② 材料费：0.55×83×5＝228.25元

③ 机械费：0.07×83＝5.81元

④ 合计：546.14元

4）场外运苗，胸径10cm以内，38株：

① 人工费：5.15×83＝427.45元

② 材料费：0.24×83＝19.92元

③ 机械费：7.00×83＝581元

④ 合计：1028.37元

5）旱柳（胸径9～10cm）：

① 材料费：28.8×83＝2390.4元

② 合计：2390.4元

6）综合：

① 直接费小计：6416.73元，其中人工费：2635.25元

② 管理费：6416.73×34％＝2181.69元

③ 利润：6416.73×8％＝513.34元

④ 小计：6416.73＋2181.69＋513.34＝9111.76元

⑤ 综合单价：9111.76÷83＝109.78元/株

分部分项工程和单价措施项目清单与计价表及综合单价分析表，见表2-20～表2-22。

分部分项工程和单价措施项目清单与计价表

表 2-20

工程名称：公园绿地种植工程　　　　　　　　标段：　　　　　　　　第　页　共　页

序号	项目编号	项目名称	项目特征描述	计算单位	工程量	金额/元		
						综合单价	合价	其中
								暂估价
1	050102001001	栽植乔木	1. 种类：广玉兰 2. 胸径：7～8cm 3. 养护期：3年	株	38	177.51	6745.54	
2	050102001002	栽植乔木	1. 种类：旱柳 2. 胸径：9～10cm 3. 养护期：3年	株	83	109.78	9111.76	
合计							15857.3	

综合单价分析表

表 2-21

工程名称：公园绿地种植工程　　　　　　　　　标段：　　　　　　　　　　第　页　共　页

项目编码	050102001001	项目名称	栽植乔木	计量单位	m	工程量	38

综合单价组成明细

定额编号	定额名称	定额单位	数量	单价/元					合价/元			
				人工费	材料费	机械费	管理费和利润	人工费	材料费	机械费	管理费和利润
2-3	普坚土种植，胸径 10cm 以内	株	1	14.37	5.99	0.34	8.69	14.37	5.99	0.34	8.69
3-1	普坚土掘苗，胸径 10cm 以内	株	1	8.47	0.17	0.20	3.71	8.47	0.17	0.20	3.71
4-3	裸根乔木客土（100×70）胸径 10cm 以内	株	1	3.76	—	0.07	1.61	3.76	—	0.07	1.61
3-25	场外运苗，胸径 10cm 以内	株	1	5.15	0.24	7.00	5.21	5.15	0.24	7.00	5.21
—	广玉兰，胸径 10cm 以内	株	1	—	76.5	—	32.13	—	76.5	—	32.13
人工单价		小计						31.75	82.9	7.61	51.35
30.81元/工日		未计价材料费							3.9		
清单项目综合单价								177.51			

材料费明细	名称、规格、型号	单位	数量	单价/元	合价/元	暂估单价/元	暂估合价/元
	土	m³	0.78	5	3.9		
	其他材料费				—		—
	材料费小计				3.9	—	

综合单价分析表

表 2-22

工程名称：公园绿地种植工程　　　　　　　　　标段：　　　　　　　　　　第　页　共　页

项目编码	050102001001	项目名称	栽植乔木	计量单位	m	工程量	83

综合单价组成明细

定额编号	定额名称	定额单位	数量	单价/元					合价/元			
				人工费	材料费	机械费	管理费和利润	人工费	材料费	机械费	管理费和利润
2-3	普坚土种植，胸径 10cm 以内	株	1	14.37	5.99	0.34	8.69	14.37	5.99	0.34	8.69
3-1	普坚土掘苗，胸径 10cm 以内	株	1	8.47	0.17	0.20	3.71	8.47	0.17	0.20	3.71
4-3	裸根乔木客土（100×70）胸径 10cm 以内	株	1	3.76	—	0.07	1.61	3.76	—	0.07	1.61

项目编码	050102001001	项目名称		栽植乔木	计量单位	m	工程量	83

综合单价组成明细

定额编号	定额名称	定额单位	数量	单价/元				合价/元			
				人工费	材料费	机械费	管理费和利润	人工费	材料费	机械费	管理费和利润
3-25	场外运苗，胸径 10cm 以内	株	1	5.15	0.24	7.00	5.21	5.15	0.24	7.00	5.21
—	旱柳，胸径 9~10cm	株	1	—	28.8	—	12.10	—	28.8	—	12.10
人工单价			小计					31.75	35.2	7.61	31.32
30.81 元/工日			未计价材料费					3.9			
清单项目综合单价								109.78			

材料费明细	名称、规格、型号	单位	数量	单价/元	合价/元	暂估单价/元	暂估合价/元
	土	m³	0.78	5	3.9		
	其他材料费			—		—	
	材料费小计			—	3.9	—	

【例 2-19】 图 2-23 所示为某单柱花架混凝土基础矩形，基坑四角的锥体如图 2-24 所示，放坡的圆形基坑如图 2-25 所示，已知放坡系数为 0.5，请根据图中给出的已知条件，试计算其土方工程量。

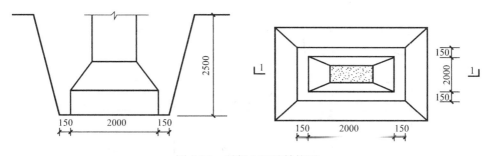

图 2-23 混凝土基础结构图

【解】

（1）放坡的矩形基坑工程量

$$V_1 = (2.0 + 2 \times 0.15 + 0.5 \times 2.5) \times (2.0 + 2 \times 0.15 + 0.5 \times 2.5)$$

$$\times 2.5 + \frac{1}{3} \times 0.5^2 \times 2.5^3$$

$$= 3.55 \times 3.55 \times 2.5 + 1.3$$

$$= 32.81 \text{m}^3$$

43

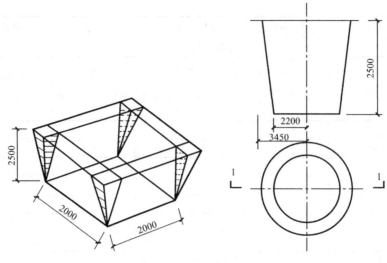

图 2-24　基坑四角的锥体　　　　　　图 2-25　圆形基坑放坡

（2）放坡的圆形基坑土方工程量

$$V_2 = \frac{1}{3} \times \pi \times 2.5 \times (2.2^2 + 3.45^2 + 2.2 \times 3.45)$$

$$= \frac{1}{3} \times 3.14 \times 2.5 \times 24.33$$

$$= 66.66\text{m}^3$$

【例 2-20】　某公园场地土方平衡，设置 20m×20m 方格网，方格网及测量标高如图 2-26（坐标数据中，上面的为设计标高，下面的为地面标高）、图 2-27 所示，试计算挖、填土方工程量。

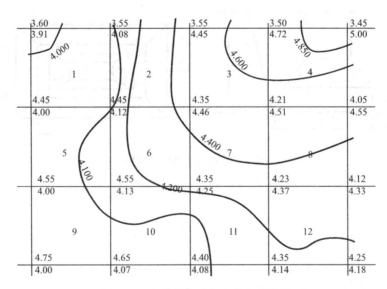

图 2-26　方格网角点标高及方格编号

44

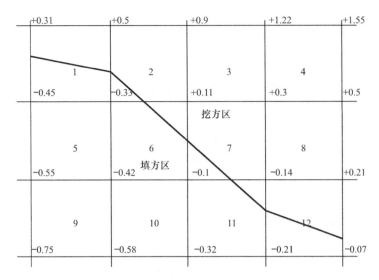

图 2-27　方格网角点施工高度、零点线

【解】

公园场地土方工程量清单计算见表 2-23。

土方计算（方格网计算法）　　　　　　表 2-23

序号	图形	图形编号	土方量计算	
			挖方（m³）	填方（m³）
1	三角形	2	(20×20−7.95×8.63/2)×1.51/5=111.65	7.95×8.65×0.33/6=3.77
2		7	(20×20−10.86×9.52/2)×0.55/5=38.31	10.86×9.53×0.1/6=1.73
3		6	11.37×10.47×0.11/6=2.18	(20×20−11.37×10.47/2)×0.85/5=57.88
4		11	9.13×8×0.14/6=1.70	(20×20−9.13×8/2)×0.63/5=45.8
5	正方形	3	20×20/4×(0.9+1.22+0.11+0.3)=253	—
6		4	20×20/4×(0.3+0.5+1.22+1.55)=357	—
7		8	20×20/4×(0.3+0.5+0.14+0.21)=115	—
8		5	—	20×20/4×(0.45+0.33+0.55+0.42)=175
9		9	—	20×20/4×(0.55+0.42+0.75+0.58)=230
10		10	—	20×20/4×(0.42+0.1+0.58+0.32)=142
11	梯形	1	(8.16+12.05)/2×20×(0.31+0.5)/4=40.92	(11.84+7.95)/2×20×(0.45+0.33)/4=38.59
12		12	(8+15)/2×20×(0.14+0.21)/4=20.13	(12+5)/2×20×(0.07+0.21)/4=11.9
小计			939.89	706.67

【例 2-21】　某公园绿地喷灌设施，从供水主管接出分管为 35m，管外径 Φ32；从分管至喷头支管为 64m，管外径 Φ20，共 99m；阀门采用低压塑料丝扣，共 1 个；喷头采用美国鱼鸟牌旋转喷头 2″，共 8 个；水表采用 LXS 型旋翼湿式水表，共 3 个；分管、支管均采用川路牌 PPR 塑料管。试计算工程量，并编制分部分项工程和单价措施项目清单与计价表和综合单价分析表。（其中：管理费按直接费的 35% 计，利润按直接费的 20% 计。）

【解】

（1）计算工程量：

1）管道安装：99m（其中分管 Φ32：35m；支管 Φ20：64m）

2) 低压塑料丝扣阀门：1个

3) 水表：3个

4) 喷头：8个

（2）分部分项工程和单价措施项目清单与计价表见表2-23，综合单价分析表见表2-24～表2-28。

分部分项工程和单价措施项目清单与计价表　　　　表2-24

工程名称：某公园绿地喷灌工程　　　　　　　标段：　　　　　　　　第　页　共　页

序号	项目编号	项目名称	项目特征描述	计量单位	工程数量	金额/元		
						综合单价	合价	其中 暂估价
1	050103001001	喷灌管线安装	1. 分管品种、规格：川路牌 PPR 塑料管，Φ32 2. 管道固定方式：外接式	m	35	22.85	799.75	
2	050103001002	喷灌管线安装	1. 支管品种、规格：川路牌 PPR 塑料管，Φ20 2. 管道固定方式：外接式	m	64	16.55	1059.2	
3	050103002001	喷灌配件安装	1. 阀门品种：低压塑料阀门 2. 阀门连接方式：丝扣连接	个	1	160.19	160.19	
4	050103002002	喷灌配件安装	1. 水表品种：LXS型旋翼湿式水表 2. 水表连接方式：螺纹连接	个	3	107.94	323.82	
5	050103002003	喷灌配件安装	1. 喷头品种：美国鱼鸟牌旋转喷头 2" 2. 喷头连接方式：螺纹连接	个	8	187.80	1502.4	
			合计				3845.36	

综合单价分析表　　　　表2-25

工程名称：某公园绿地喷灌工程　　　　　　　标段：　　　　　　　　第　页　共　页

项目编码	050103001001	项目名称	喷灌管线安装	计量单位	m	工程量	35

综合单价组成明细

定额编号	定额名称	定额单位	数量	单价/元				合价/元			
				人工费	材料费	机械费	管理费和利润	人工费	材料费	机械费	管理费和利润
—	挖管沟土方及回填（2m以内，一类土）	m³	0.45	15.79	—	0.90	7.82	7.11	—	0.41	3.52
—	塑料管安装Φ32	m	1	2.15	5.40	0.07	4.19	2.15	5.40	0.07	4.19
	人工单价		小计					9.26	5.4	0.48	7.71
	25 元/工日		未计价材料费								
		清单项目综合单价						22.85			

综合单价分析表

表 2-26

工程名称：某公园绿地喷灌工程　　　　标段：　　　　　　　第 页 共 页

| 项目编码 | 050103001001 | 项目名称 | 喷灌管线安装 | 计量单位 | m | 工程量 | 64 |

综合单价组成明细

定额编号	定额名称	定额单位	数量	单价/元				合价/元			
				人工费	材料费	机械费	管理费和利润	人工费	材料费	机械费	管理费和利润
—	挖管沟土方及回填（2m以内，一类土）	m³	0.36	15.79		0.90	7.82	5.68	—	0.32	2.82
—	塑料管安装 φ32	m	1	1.70	3.23	0.06	2.74	1.70	3.23	0.06	2.74
人工单价				小计				7.38	3.23	0.38	5.56
25元/工日				未计价材料费							
清单项目综合单价								16.55			

综合单价分析表

表 2-27

工程名称：某公园绿地喷灌工程　　　　标段：　　　　　　　第 页 共 页

| 项目编码 | 050103002001 | 项目名称 | 喷灌配件安装 | 计量单位 | 个 | 工程量 | 1 |

综合单价组成明细

定额编号	定额名称	定额单位	数量	单价/元				合价/元			
				人工费	材料费	机械费	管理费和利润	人工费	材料费	机械费	管理费和利润
—	低压塑料丝扣阀门安装	个	1	11	84.66	7.69	56.84	11	84.66	7.69	56.84
人工单价				小计				11	84.66	7.69	56.84
25元/工日				未计价材料费							
清单项目综合单价								160.19			

综合单价分析表

表 2-28

工程名称：某公园绿地喷灌工程　　　　标段：　　　　　　　第 页 共 页

| 项目编码 | 050103002002 | 项目名称 | 喷灌配件安装 | 计量单位 | 个 | 工程量 | 3 |

综合单价组成明细

定额编号	定额名称	定额单位	数量	单价/元				合价/元			
				人工费	材料费	机械费	管理费和利润	人工费	材料费	机械费	管理费和利润
—	水表安装	个	1	14	55.64	—	38.30	14	55.64	—	38.30
人工单价				小计				14	55.64	—	38.30
25元/工日				未计价材料费							
清单项目综合单价								107.94			

综合单价分析表

表 2-29

工程名称：某公园绿地喷灌工程　　　　标段：　　　　　　　　第　页　共　页

项目编码	050103002003	项目名称	喷灌配件安装	计量单位	个	工程量	8

综合单价组成明细

定额编号	定额名称	定额单位	数量	单价/元				合价/元			
				人工费	材料费	机械费	管理费和利润	人工费	材料费	机械费	管理费和利润
—	喷头安装	个	1	0.98	120.14	0.04	66.64	0.98	120.14	0.04	66.64
人工单价		小计						0.98	120.14	0.04	66.64
25 元/工日		未计价材料费									
清单项目综合单价								187.80			

48

3 园路、园桥工程手工算量与实例精析

3.1 园路、园桥工程工程量手算方法

3.1.1 园路、园桥工程量

1. 园路

(1) 清单工程量

1) 计算公式

$$工程量=园路长度\times园路宽度-路牙面积 \quad (m^2)$$

2) 工程量计算规则说明

① 园路工程量按设计图示尺寸以面积计算，不包括路牙。

② 园路项目工作内容包括路基、路床整理；垫层铺筑；路面铺筑；路面养护。

(2) 定额工程量

1) 计算公式

$$园路路床工程量=路床长度\times园路宽度 \quad (m^2)$$

或

$$园路垫层工程量=图示长度\times(图示宽度+0.1)\times厚度 \quad (m^3)$$

或

$$园路面层工程量=图示长度\times图示宽度 \quad (m^2)$$

2) 工程量计算规则及说明

① 园路土基整理路床的工作内容包括厚度在 30cm 以内，挖、填土、找平、夯实、整修、弃土 2m 以外。园路土基整理路床的工程量按路床的面积计算。计量单位为 $10m^2$。

② 园路垫层的工作内容包括筛土、浇水、拌和、铺设、找平、灌浆、捣实、养护。园路垫层的工程量按不同垫层材料，以垫层的体积计算。计量单位为 m^3。垫层计算宽度应比设计宽度大 10cm，即两边各放宽 5cm。

③ 园路面层的工作内容包括放线、整修路槽、夯实、修平垫层、调浆、铺面层、嵌缝、清扫。园路面层工程量按不同面层材料、厚度、以园路面层的面积计算。计量单位为 $10m^2$。

a. 卵石面层：按拼花、彩边素色分别列项，以"$10m^2$"计算。

b. 混凝土面层：按纹形、水刷纹形、预制方格、预制异形、预制混凝土大块面层、预制混凝土假冰片面层、水刷混凝土路面分别列项，以"10m"计算。

c. 八五砖面层：按平铺、侧铺分别列项，以"$10m^2$"计算。

d. 石板面层：按方整石板面层、乱铺冰片石面层、瓦片、碎缸片、弹石片、小方碎石、六角板分别列项，以"10m"计算。

④ 园路一般有街道式和公路式两种构造形式，街道式结构如图 3-1（a）所示，公路式结构如图 3-1（b）所示。

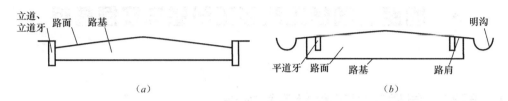

图 3-1　园路构造

（a）街道式；（b）公路式

园路的路面结构是多种多样的，一般由路面、路基和附属工程三部分组成。园路路面由面层、基层、结合层和垫层共四层构成，比城市道路简单，其典型的路面图式如图 3-2 所示。

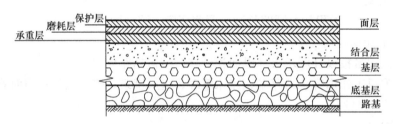

图 3-2　路面层结构图

2. 踏（蹬）道

（1）计算公式

$$工程量＝图示长度×图示宽度－路牙面积　（m^2）$$

（2）工程量计算规则

踏（蹬）道工程量按设计图示尺寸以面积计算，不包括路牙。

3. 路牙铺设

（1）计算公式

$$工程量＝图示长度×2　（m）$$

（2）工程量计算规则

路牙铺设工程量按设计图示尺寸以长度计算。

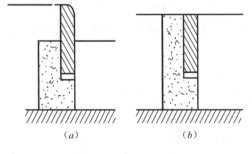

图 3-3　道牙形式

（a）立道牙；（b）平道牙

道牙是安置在园路两侧的园路附属工程。其作用主要是保护路面、便于排水、使路面与路肩在高程上起衔接作用等。道牙一般分为立道牙和平道牙两种形式，立道牙是指道牙高于路面，如图 3-3（a）所示；平道牙是指道牙表面和路面平齐，如图 3-3（b）所示。

4. 树池围牙、盖板（箅子）

（1）计算公式

$$工程量＝图示长度　（m）$$

或

$$工程量＝图示数量 \quad （套）$$

（2）工程量计算规则

1）按设计图示尺寸以长度计算，以米计量。

2）按设计图示数量计算，以套计量。

5. 嵌草砖（格）铺装

（1）计算公式

$$工程量＝图示面积 \quad （m^2）$$

（2）工程量计算规则及说明

嵌草砖（格）铺装工程量按设计图示尺寸以面积计算。

嵌草路面：一种为在块料路面铺装时，在块料与块料之间，留有空隙，在其间种草，如冰裂纹嵌草路、空心砖纹嵌草路、人字纹嵌草路等；一种是制作成可以种草的各种纹样的混凝土路面砖。

6. 桥基础、石桥墩、石桥台

（1）计算公式

$$工程量＝图示体积 \quad （m^3）$$

（2）工程量计算规则及说明

桥基础、石桥墩、石桥台工程量按设计图示尺寸以体积计算。

1）石桥基础是把桥梁自重以及作用于桥梁上的各种荷载传至地基的构件。基础的类型主要有条形基础、独立基础、杯形基础及桩基础等。见表 3-1。

石桥基础的类型 表 3-1

序 号	分 类	内 容
1	条形基础	条形基础又称带形基础，是由柱下独立基础沿纵向串联而成。可将上部框架结构连成整体，从而减少上部结构的深降差。它与独立基础相比，具有较大的基础底面积，能承受较大的荷载
2	独立基础	凡现浇钢筋混凝土独立柱下的基础都称为独立基础，其断面有 4 种形式：阶梯形、平板形、角锥形和圆锥形
3	杯型基础	凡现浇钢筋混凝土独立柱下的基础都称为独立基础，独立基础中心预留有安装钢筋混凝土预制柱的孔洞时，则称为杯形基础（其形如水杯）
4	桩基础	由若干根设置十地基中的桩柱和承接建筑物（或构筑物）上部结构荷载的承台构成的一种基础 桩基础分类：按传力及作用性质，可分为端承桩和摩擦桩；按构成材料分为钢筋混凝土预制桩、钢筋混凝土离心管桩、混凝土灌注桩、灰土挤压桩、振动水冲桩、砂（或碎石）桩；按施工方法分为打入桩和灌注桩两种

2）石桥墩指多跨桥梁的中间支承结构物，它除承受上部结构的荷重外，还要承受流水压力、水面以上的风力以及可能出现的冰荷载，船只、排筏和漂浮物的撞击力。

3）石桥台是将桥梁与路堤衔接的构筑物，它除了承受上部结构的荷载外，还要承受桥头填土的水平土压力及直接作用在桥台上的车辆荷载等。

7. 桥台、护坡

（1）计算公式

$$工程量＝图示体积 \quad （m^3）$$

（2）工程量计算规则

园桥的桥台、护坡的工程量按不同石料（毛石或条石），以其体积计算。

8. 拱券石

（1）计算公式

$$工程量＝图示体积 \quad （m^3）$$

（2）工程量计算规则及说明

拱券石工程量按设计图示尺寸以体积计算。

拱券石应选用细密质地的花岗石、砂岩石等，加工成上宽下窄的楔形石块。石块一侧做有榫头，另一侧有榫眼，拱券时相互扣合。

9. 石券脸

（1）计算公式

$$工程量＝图示面积 \quad （m^2）$$

（2）工程量计算规则及说明

石券脸工程量按设计图示尺寸以面积计算。

石券最外端的一圈券石叫"券脸石"，券洞内的叫"内券石"。主要是加工面的多少不同，券脸石可雕刻花纹，也可加工成光面。石券正中的一块券脸石常称为"龙口石"，也有叫"龙门石"；龙口石上若雕凿有兽面者叫"兽面石"。

10. 金刚墙砌筑

（1）计算公式

$$工程量＝图示体积 \quad （m^3）$$

（2）工程量计算规则及说明

1）清单工程量计算规则

金刚墙砌筑工程量按设计图示尺寸以体积计算。

金刚墙是一种加固性质的墙，一般在装饰面墙的背后保证其稳固性。因此古建筑对凡是看不见的加固墙都称为金刚墙。

2）定额工程量计算规则

石桥桥身的砖石背里和毛石金刚墙，分别执行砖石工程的砖石挡土墙和毛石墙相应定额子目。其工程量均按图示尺寸以"m^3"计算。

11. 石桥面铺筑、檐板

（1）计算公式

$$工程量＝图示面积 \quad （m^2）$$

（2）工程量计算规则及说明

石桥面铺筑、石桥面檐板工程量按设计图示尺寸以面积计算。

桥面指桥梁上构件的上表面。石桥面铺筑指桥面一般用石板、石条铺砌。在桥面铺石层下应做防水层，采用1mm厚沥青和石棉沥青各一层作底。石棉沥青用七级石棉30％、60号石油沥青70％混合而成。在其上铺沥青麻布一层，再敷石棉沥青和纯沥青各一道作防水面层。

12. 石汀步（步石、飞石）

（1）计算公式

$$工程量＝图示体积　（m^3）$$

（2）工程量计算规则及说明

石汀步（步石、飞石）工程量按设计图示尺寸以体积计算。

汀步也叫跳桥，它是一种原始的过水形式。汀步以各种形式的石墩或木桩最为常用，此外还有仿生的莲叶或其他水生植物样的造型物。汀步按平面形状可分为规则、自然及仿生三种形式。

1）规则式汀步（图 3-4）。

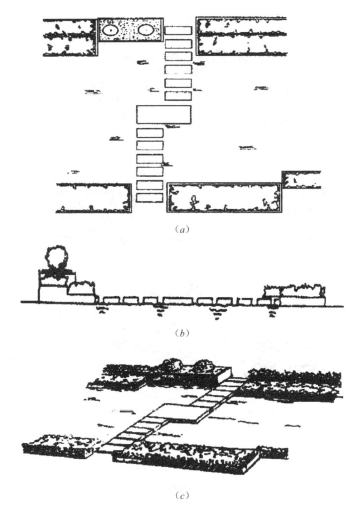

图 3-4　规则式汀步

（a）平面图；（b）立面图；（c）立面图

2）自然式汀步（图 3-5）。

图 3-5 自然式汀步

3) 仿生式汀步（图 3-6）。

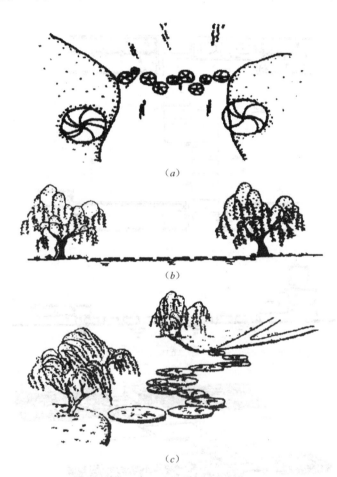

（a）

（b）

（c）

图 3-6 仿生式汀步

（a）平面图；（b）立面图；（c）效果图

13. 木制步桥

（1）计算公式

$$工程量＝图示面积 \quad （m^2）$$

（2）工程量计算规则

木制步桥工程量按设计图示尺寸以面积计算。

14. 栈道

（1）计算公式

$$工程量＝图示面积 \quad （m^2）$$

（2）工程量计算规则

栈道工程量按栈道面板设计图示尺寸以面积计算。

15. 甬路

园林建筑及公园绿地内的小型甬路、路牙、侧石等工程。定额中不包括刨槽、垫层及运土，可按相应项目定额执行。砌侧石、路缘石、砖、石及树穴是按1：3白灰砂浆铺底、1：3水泥砂浆勾缝考虑的。

甬路工程定额工程量计算规则如下：

（1）侧石、路缘、路牙按实铺尺寸以延长米计算。

（2）庭园工程中的园路垫层按图示尺寸以立方米计算。带路牙者，园路垫层宽度按路面宽度加20cm计算；无路牙者，园路垫层宽度按路面宽度加10cm计算；蹬道带山石挡土墙者，园路垫层宽度按蹬道宽度加120cm计算；蹬道无山石挡土墙者，园路垫层宽度按蹬道宽度加40cm计算。

（3）庭园工程中的园路定额是指庭院内的行人甬路、蹬道和带有部分踏步的坡道，不适用于厂、院及住宅小区内的道路，由垫层、路面、地面、路牙、台阶等组成。

（4）山丘坡道所包括的垫层、路面、路牙等项目，分别按相应定额子目的人工费乘以系数1.4计算，材料费不变。

（5）室外道路宽度在14m以内的混凝土路、停车场（厂、院）及住宅小区内的道路套用"建筑工程"预算定额；室外道路宽度在14m以外的混凝土路、停车场套用"市政道路工程"预算定额，沥青所有路面套用"市政道路工程"预算定额；庭院内的行人甬路、蹬道和带有部分踏步的坡道套用"庭院工程"预算定额。

（6）绿化工程中的住宅小区、公园中的园路套用"建筑工程"预算定额，园路路面面层以平方米计算，垫层以立方米计算；别墅中的园路大部分套用"庭园工程"预算定额。

3.1.2 驳岸、护岸工程量

1. 石（卵石）砌驳岸

（1）计算公式

$$工程量＝图示长度×图示宽度×图示高度 \quad （m^3）$$

或

$$m = \rho V \quad （t）$$

式中 m——石（卵石）的质量，t；

ρ——石（卵石）的密度，kg/m^3；

V——石（卵石）的体积，m^3。

（2）工程量计算规则及说明

1）按设计图示尺寸以体积计算，以立方米计量。

2）按质量计算，以吨计量。

规则式驳岸是用块石、砖、混凝土砌筑的几何形式的岸壁，例如常见的扶壁式驳岸、浆砌块石式驳岸等（图3-7和图3-8）。

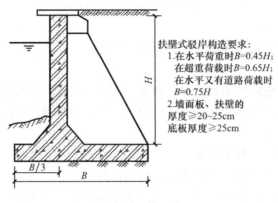

扶壁式驳岸构造要求：
1. 在水平荷重时$B=0.45H$；
   在超重荷载时$B=0.65H$；
   在水平又有道路荷载时
   $B=0.75H$
2. 墙面板、扶壁的
   厚度≥20~25cm
   底板厚度≥25cm

图3-7 扶壁式

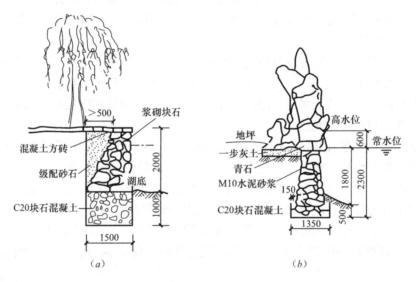

图3-8 浆砌块石式（单位：mm）

（*a*）形式一；（*b*）形式二

2. 原木桩驳岸

（1）计算公式

$$工程量＝图示桩长＋桩尖长度 \quad（m）$$

或

$$工程量＝图示数量 \quad（根）$$

（2）工程量计算规则及说明

1）按设计图示桩长（包括桩尖）计算，以米计量。

2）按设计图示数量计算，以根计量。

桩基是我国古老的水工基础做法，在园林建设中得到广泛应用，至今仍是常用的一种水工地基处理手法。当地基表面为松土层且下层为坚实土层或基岩时最宜用桩基。

图3-9是桩基驳岸结构示意，它由桩基、卡挡石、盖桩石、混凝土基础、墙身和压顶

等几部分组成。卡裆石是桩间填充的石块，起保持木桩稳定作用。盖桩石为桩顶浆砌的条石，作用是找平桩顶以便浇灌混凝土基础。基础以上部分与砌石类驳岸相同。

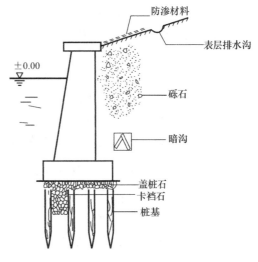

图 3-9　桩基驳岸结构示意图

3. 满（散）铺砂卵石护岸（自然护岸）

（1）计算公式

$$工程量 = 护岸展开面积　（m^2）$$

或

$$m = \rho V　（t）$$

式中　m——卵石的质量，t；

　　　ρ——卵石的密度，kg/m^3；

　　　V——卵石的使用体积，m^3。

（2）工程量计算规则

1）按设计图示尺寸以护岸展开面积计算，以平方米计量。

2）按卵石使用质量计算，以吨计量。

自然式驳岸是外观无固定形状或规格的岸坡处理，例如常用的假山石驳岸、卵石驳岸。这种驳岸自然堆砌，景观效果好。

4. 点（散）布大卵石

（1）计算公式

$$工程量 = 图示数量　（块/个）$$

或

$$m = \rho V　（t）$$

式中　m——卵石的质量，t；

　　　ρ——卵石的密度，kg/m^3；

　　　V——卵石的使用体积，m^3。

（2）工程量计算规则

1）按设计图数量计算，以块（个）计量。

2）按卵石使用质量计算，以吨计算。

5. 框格花木护坡

（1）计算公式

$$工程量 = 图示护岸平均宽度 \times 护岸长度　（m^2）$$

（2）工程量计算规则

框格花木护坡工程量按设计图示平均护岸宽度乘以护岸长度以面积计算。

3.2　园路、园桥工程工程量手算参考公式

3.2.1　基础模板工程量计算

独立基础模板工程量区别不同形状以图示尺寸计算，如阶梯形按各阶的侧面面积，锥

形按侧面面积与锥形斜面面积之和计算。杯形、高杯形基础模板工程量，按基础各阶层的侧面表面积与杯口内壁侧面积之和计算，但杯口底面不计算模板面积。其计算方法可用计算式表示如下：

$$F_{总} = (F_1 + F_2 + F_3 + F_4)N$$

式中　$F_{总}$——杯形基础模板接触面面积，m^2；

　　　F_1——杯形基础底部模板接触面面积，m^2，$F_1 = (A+B) \times 2h_1$；

　　　F_2——杯形基础上部模板接触面面积，m^2，$F_2 = (a_1 + b_1) \times 2(h - h_1 - h_3)$；

　　　F_3——杯形基础中部棱台接触面面积，m^2，$F_3 = \frac{1}{3} \times (F_1 + F_2 + \sqrt{F_1 F_2})$；

　　　F_4——杯形基础杯口内壁接触面面积，m^2，$F_4 = \overline{L}(h - h_2)$；

　　　N——杯形基础数量，个。

上述公式中字母符号含义如图 3-10 所示。

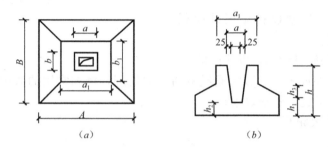

图 3-10　杯形基础计算公式中字母含义图
(a) 平面图；(b) 剖面图

3.2.2　砌筑砂浆配合比设计

园路桥工程根据需要砂浆的强度等级进行配合比设计，设计步骤如下：

(1) 计算砂浆试配强度 $f_{m,0}$

为使砂浆强度达到 95% 的强度保证率，满足设计强度等级的要求，砂浆试配强度应按下式进行计算：

$$f_{m,0} = kf_2$$

式中　$f_{m,0}$——砂浆的试配强度，MPa，应精确至 0.1MPa；

　　　f_2——砂浆强度等级值，MPa，应精确至 0.1MPa；

　　　k——系数，按表 3-2 取值。

砂浆强度标准差 σ 及 k 值　　　　　　　表 3-2

强度等级\施工水平	强度标准差 σ/MPa							k
	M5	M7.5	M10	M15	M20	M25	M30	
优良	1.00	1.50	2.00	3.00	4.00	5.00	6.00	1.15
一般	1.25	1.88	2.50	3.75	5.00	6.25	7.50	1.20
较差	1.50	2.25	3.00	4.50	6.00	7.50	9.00	1.25

（2）计算水泥用量 Q_c（kg/m³）

1）每立方米砂浆中的水泥用量，应按下式计算：

$$Q_c = 1000(f_{m,0} - \beta)/(\alpha \cdot f_{ce})$$

式中　Q_c——每立方米砂浆的水泥用量，kg，应精确至 1kg；

　　　f_{ce}——水泥的实测强度，MPa，应精确至 0.1MPa；

　　　α、β——砂浆的特征系数，其中 α 取 3.03，β 取 −15.09。

注：各地区也可利用地区试验资料确定 α、β 值，统计用的试验组数不得少于 30 组。

2）在无法取得水泥的实测强度值时，可按下式计算：

$$f_{ce} = \gamma_c \cdot f_{ce.k}$$

式中　$f_{ce.k}$——水泥强度等级值（MPa）；

　　　γ_c——水泥强度等级值的富余系数，宜按实际统计资料确定；无统计资料时可取 1.0。

（3）石灰膏用量应按下式计算

$$Q_D = Q_A - Q_c$$

式中　Q_D——每立方米砂浆的石灰膏用量（kg），应精确至 1kg；石灰膏使用时的稠度宜为 120mm±5mm；

　　　Q_c——每立方米砂浆的水泥用量，kg，应精确至 1kg；

　　　Q_A——每立方米砂浆中水泥和石灰膏总量，应精确至 1kg，可为 350kg。

（4）每立方米砂浆中的砂用量

每立方米砂浆中的砂用量应按干燥状态（含水率小于 0.5%）的堆积密度值作为计算值（kg）。

（5）选定用水量

用水量的选定要符合砂浆稠度的要求，施工中可以根据操作者的手感经验或按表 3-3 中确定。

<table>
<tr><td colspan="3" style="text-align:center">砌筑砂浆用水量</td><td style="text-align:right">表 3-3</td></tr>
<tr><td>砂浆品种</td><td colspan="2">水泥砂浆</td><td>混合砂浆</td></tr>
<tr><td>用水量（kg/m³）</td><td colspan="2">270～330</td><td>260～300</td></tr>
</table>

注：1. 混合砂浆用水量，不含石灰膏或黏土膏中的水分。
　　2. 当采用细砂或粗砂时，用水量分别取上限或下限。
　　3. 稠度小于 70mm 时，用水量可小于下限。
　　4. 当施工现场炎热或在干燥季节，可适当增加用水量。

（6）砂浆试配与配合比的确定

砌筑砂浆配合比的试配和调整方法基本与普通混凝土相同。

3.3　园路、园桥工程工程量手算实例解析

【例 3-1】　某一段行车道路长 230m，宽 35m，如图 3-11 所示，试根据已知条件求其清单量。

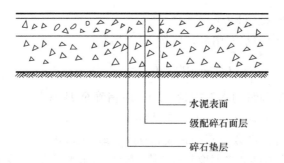

图 3-11 某行车道路剖面图

【解】

园路工程量：

$$S= 长 \times 宽$$
$$= 230 \times 35$$
$$= 8050.00 \text{m}^2$$

清单工程量计算见表 3-4。

清单工程量计算表 表 3-4

序号	项目编码	项目名称	项目特征描述	工程量合计	计量单位
1	050201001001	园路	1. 垫层材料种类：碎石垫层 2. 路面宽度、材料种类：宽 35m，级配碎石面层	8050.00	m²

【例 3-2】 如图 3-12 所示为某公园一个局部台阶，两头分别为路面，中间为四个台阶，根据图中已知条件，求这个局部的园路和台阶工程量（园路不包括路牙）。

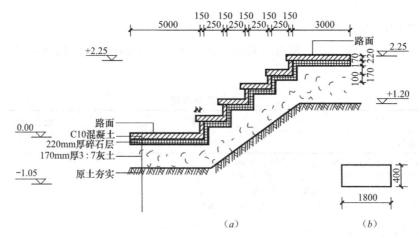

图 3-12 台阶示意图

(a) 台阶剖面图；(b) 单个台阶平面图

【解】

(1) 清单工程量

$$S= (5+0.25 \times 4+0.15 \times 5+3) \times 1.8$$
$$= 17.55 \text{m}^2$$

（按设计图示尺寸以水平投影面积计算）

清单工程量计算见表3-5。

清单工程量计算表　　　　表3-5

序号	项目编码	项目名称	项目特征描述	工程量合计	计量单位
1	050201001001	园路	1. 垫层厚度、材料种类：3∶7 灰土垫层厚 170mm；碎石垫层厚 220mm 2. 路面宽度、材料种类：1.8m 宽，大理石路面	17.55	m²

（2）定额工程量

1）园路工程量

① 整理路床：

$$S = 5 \times (1.8 + 0.1) + 3 \times (1.8 + 0.1)$$
$$= 15.2\text{m}^2$$
$$= 1.52(10\text{m}^2)$$

（路床整理按垫层宽度乘园路长度以"10m²"计算，无路牙的，按路面宽度加 10cm 计算）

② 挖土方：

$$V = (5 \times 1.8 + 3 \times 1.8) \times 1.05$$
$$= 15.12\text{m}^3$$

③ 原土夯实：

$$S = 5 \times 1.8 + 3 \times 1.8$$
$$= 14.40\text{m}^2$$

④ 3∶7 灰土垫层：

$$V = 14.40 \times 0.17$$
$$= 2.45\text{m}^3$$

⑤ 碎石层：

$$V = 14.40 \times 0.22$$
$$= 3.17\text{m}^3$$

⑥ 混凝土：

$$V = 14.40 \times 0.17$$
$$= 2.45\text{m}^3$$

⑦ 路面大理石铺装：

$$S = 5 \times 1.8 + 3 \times 1.8$$
$$= 14.40\text{m}^2$$

2）求台阶工程量

① 平整场地：

$$S = (0.4 \times 4 + 0.1) \times 1.8$$
$$= 3.06\text{m}^2$$
$$= 0.31(10\text{m}^2)$$

② 挖土方：
$$V = 0.4 \times 4 \times 1.8 \times 1.05$$
$$= 3.02\text{m}^3$$

③ 原土夯实：
$$S = 4 \times 0.4 \times 1.8 = 2.88\text{m}^2$$

④ 3：7 灰土垫层：
$$V = 4 \times 0.4 \times 1.8 \times 0.17$$
$$= 0.49\text{m}^3$$

⑤ 碎石层：
$$V = 4 \times 0.4 \times 1.8 \times 0.22$$
$$= 0.63\text{m}^3$$

⑥ 混凝土：
$$V = 4 \times 0.4 \times 1.8 \times 0.17$$
$$= 0.49\text{m}^3$$

【例 3-3】 如图 3-13 所示为某公园的一段园路，园路长 60m，宽 5m，试根据已知条件求工程量。

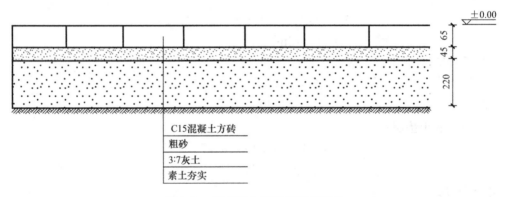

图 3-13　某公园方砖路局部示意图

【解】

（1）清单工程量

C15 混凝土方砖园路面积：

$$S = 长 \times 宽 = 60 \times 5 = 300\text{m}^2$$

清单工程量计算见表 3-6。

清单工程量计算表　　　　　　　　　　　　　　　　表 3-6

序号	项目编码	项目名称	项目特征描述	工程量合计	计量单位
1	050201001001	园路	1. 垫层厚度、宽度、材料种类：3：7 灰土垫层宽 5.1m，厚 0.22m；粗砂垫层宽 5.1m，厚 0.45m 2. 路面厚度、宽度、材料种类：混凝土方砖路面宽 5m，厚 0.065m	300	m²

（2）定额工程量

1）整理路床（无路牙时加10cm，有路牙时加20cm）

$$S = 60 \times (5 + 0.1)$$
$$= 30.6\text{m}^2$$
$$= 3.06(10\text{m}^2)$$

2）素土夯实

$$S = 60 \times (5 + 0.1)$$
$$= 306\text{m}^2$$

3）挖土方

$$V = 60 \times (5 + 0.1) \times (0.22 + 0.045 + 0.065)$$
$$= 100.98\text{m}^3$$

4）3：7灰土垫层（套定额2-1）

$$V = 60 \times (5 + 0.1) \times 0.22$$
$$= 67.32\text{m}^3$$

5）粗砂垫层（套定额2-3）

$$V = 60 \times (5 + 0.1) \times 0.045$$
$$= 13.77\text{m}^3$$

6）C15混凝土方砖路面（套定额2-14）

$$S = 60 \times 5$$
$$= 300\text{m}^2$$

【例3-4】 如图3-14所示为某广场平面和剖面示意图，试根据图中已知条件，求路面、素土夯实、挖土方、灰土垫层、细砂垫层以及大理石路面的工程量。

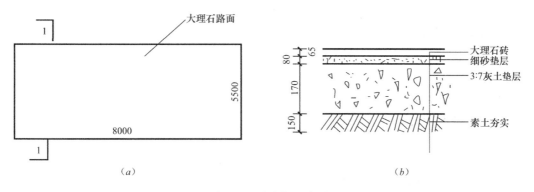

图3-14 小广场示意图
（a）平面示意图；（b）剖面示意图

【解】

（1）整理路面

1）清单工程量

$$S = 8 \times 5.5$$
$$= 44.00\text{m}^2$$

2）定额工程量同清单工程量。

（2）素土夯实

1）清单工程量

$$V = 8 \times 5.5 \times 0.15$$
$$= 6.6m^3$$

2）定额工程量同清单工程量。

（3）挖土方

1）清单工程量

$$V = 8 \times 5.5 \times 0.25$$
$$= 11m^3$$

2）定额工程量同清单工程量。

（4）3：7 灰土垫层

1）清单工程量：

$$S = 8 \times 5.5 \times 0.17$$
$$= 7.48m^3$$

2）定额工程量：

$$V = 8 \times (5.5 + 0.1) \times 0.17$$
$$= 7.62m^3$$

（垫层宽度加宽 10cm 计算）

（5）细砂垫层

1）清单工程量：

$$V = 8 \times 5.5 \times 0.08$$
$$= 3.52m^3$$

2）定额工程量：

$$V = 8 \times (5.5 + 0.1) \times 0.08$$
$$= 3.58m^3$$

（6）贴大理石路面

1）清单工程量：

$$S = 8 \times 5.5$$
$$= 44.00m^2$$

2）定额工程量同清单工程量。

清单工程量计算见表 3-7。

清单工程量计算表　　　　　　　　　　　　　　　　表 3-7

序号	项目编码	项目名称	项目特征描述	工程量合计	计量单位
1	050201001001	园路	1. 垫层厚度、材料种类：3：7 灰土垫层厚 170mm；细砂垫层厚 80mm 2. 路面宽度、材料种类：大理石路面，宽度 5.5m	44.00	m²
2	010101002001	挖土方	挖土深：0.25m	11	m³

【例 3-5】 某园路长 10m、宽 2.5m，路两边均铺有路牙，如图 3-15 所示是路一边的剖面图，求工程量。

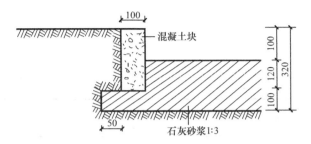

图 3-15 某园路局部剖面图（单位：mm）

【解】

（1）清单工程量

$$路牙铺设 = 路的长度 \times 2$$
$$L = 10 \times 2$$
$$= 20m$$

清单工程量计算见表 3-8。

清单工程量计算表 表 3-8

序号	项目编码	项目名称	项目特征描述	工程量合计	计量单位
1	050201003001	路牙铺设	1. 路牙材料：混凝土块 2. 砂浆强度等级：石灰砂浆 1∶3	20	m²

（2）定额工程量

1）平整场地

$$S = (10 \times 0.1) \times 2$$
$$= 2m^2 = 0.2(10m^2)$$

2）挖土方

$$V = (10 \times 0.1 \times 0.12) \times 2$$
$$= 0.24m^3$$

3）石灰砂浆 1∶3（套定额 2-35）

$$V = [10 \times (0.1 + 0.01) \times 0.1] \times 2$$
$$= 0.22m^3$$

4）路牙铺设（套定额 2-35）

$$L = 10 \times 2$$
$$= 20m$$

【例 3-6】 如图 3-16 所示为某树池平面和混凝土围牙立面，围牙平铺。请计算围牙清单工程量。

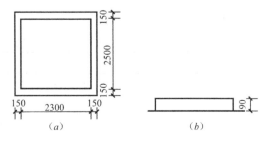

图 3-16 树池平面和围牙立面示意图（单位：mm）
(a) 树池平面图；(b) 围牙立面图

【解】

(1) 清单工程量

$$L = (0.15 + 2.3 + 0.15) \times 2 + 2.5 \times 2$$
$$= 10.2 \text{m}$$

清单工程量计算表见表 3-9。

清单工程量计算表   表 3-9

序号	项目编码	项目名称	项目特征描述	工程量合计	计量单位
1	050201004001	树池围牙、盖板（箅子）	1. 围牙材料种类：混凝土围牙 2. 铺设方式：平铺	10.2	m

(2) 定额工程量同清单工程量。

【例 3-7】 某公园树池平铺花岗岩树池围牙、盖板，如图 3-17 所示为树池的各尺寸，求其工程量。

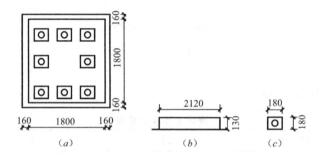

图 3-17　树池示意图（单位：mm）

(a) 平面示意图；(b) 围牙立面示意图；(c) 盖板平面示意图

【解】

(1) 清单工程量

1) 围牙

$$L = 1.8 \times 2 + (1.8 + 0.16 \times 2) \times 2$$
$$= 7.84 \text{m}$$

2) 盖板

$$L = 0.18 \times 4 \times 8$$
$$= 5.76 \text{m}$$

清单工程量计算见表 3-10。

清单工程量计算表   表 3-10

序号	项目编码	项目名称	项目特征描述	工程量合计	计量单位
1	050201004001	树池围牙	1. 围牙材料种类、规格：花岗岩树池围牙，规格 1800×160×130mm，2120×160×130mm 2. 铺设方式：平铺	7.84	m
2	050201004002	树池盖板	1. 盖板材料种类、规格：花岗岩盖板，规格 180mm×180mm 2. 铺设方式：平铺	5.76	m

（2）盖板、围牙的定额工程量同清单工程量，套定额 2-38。

【例 3-8】 如图 3-18 所示为某道路局部断面图，此段道路长 28m，路牙宽 92mm，请根据图中所示已知条件，计算灰土层和路牙的定额工程量。

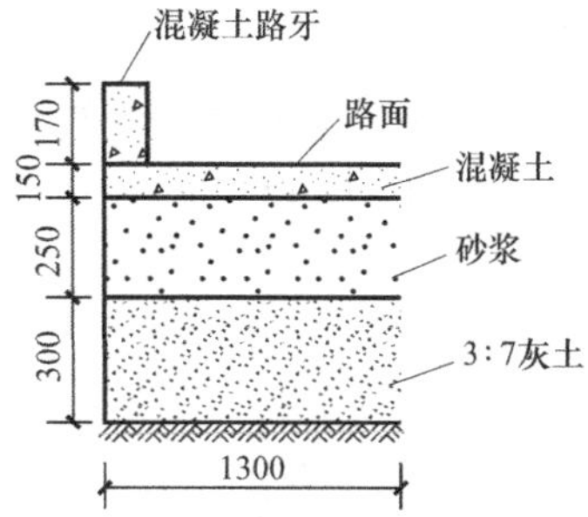

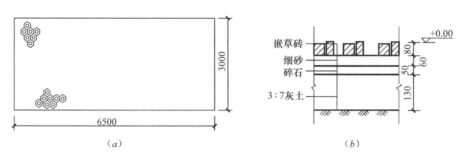

图 3-18 局部道路断面图

【解】

（1）灰土垫层

$$V = 1.3 \times 28 \times 0.3$$
$$= 10.92 \text{m}^3$$

套用定额：2-2。

（2）路牙

$$L = 28.0 \times 2$$
$$= 56.00 \text{m}$$

套用定额：2-39。

【例 3-9】 如图 3-19 所示为马尼拉草嵌草砖铺装局部示意图，各尺寸如图所示，求工程量。

图 3-19 嵌草砖铺装示意图（单位：mm）
（a）平面图；（b）局部断面图

【解】

（1）清单工程量

$$S = 6.5 \times 3$$
$$= 19.50 \text{m}^2$$

清单工程量计算表见表 3-11。

清单工程量计算表　　　　表 3-11

序号	项目编码	项目名称	项目特征描述	工程量合计	计量单位
1	050201005001	嵌草砖（格）铺装	1. 垫层厚度：3：7 灰土垫层厚 130mm；碎石垫层厚 50mm；细砂垫层厚 60mm 2. 嵌草砖品种：马尼拉草	19.5	m²

（2）定额工程量

1）平整草地：

$$S = 6.5 \times 3 \times 1.4$$

$$= 27.3 \text{m}^2$$

路面整理按路面面积乘以系数1.4，以"m²"计算，套定额1-1。

2) 挖土方：
$$V = 6.5 \times 3 \times (0.13 + 0.05 + 0.60)$$
$$= 4.68 \text{m}^3$$

套定额1-4。

3) 原土夯实：
$$S = 6.5 \times (3 + 0.1)$$
$$= 20.15 \text{m}^2$$

4) 3：7灰土垫层：
$$V = 6.5 \times (3 + 0.1) \times 0.13$$
$$= 2.62 \text{m}^3$$

套定额2-1。

5) 碎石层：
$$V = 6.5 \times (3 + 0.1) \times 0.05$$
$$= 1.01 \text{m}^3$$

套定额2-8。

6) 细砂层：
$$V = 6.5 \times (3 + 0.1) \times 0.60$$
$$= 1.21 \text{m}^3$$

套定额2-3。

（园路无道牙，垫层宽度按路面宽度增加10cm计算）

7) 嵌草砖：
$$S = 6.5 \times 3$$
$$= 19.5 \text{m}^2$$

套定额2-32。

【例3-10】 某停车场用150厚混凝土空心砖进行铺装地面。该停车场局部剖面示意图如图3-20所示，该停车场长160m，宽60m，试根据已知条件计算其定额工程量。

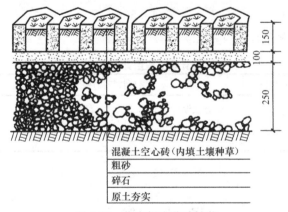

图3-20 停车场嵌草砖铺装

68

【解】

（1）嵌草砖铺装

$$S= 160 \times 60$$
$$= 9600.00\text{m}^2$$

套用定额 2-32。

（2）挖土方

$$V= 160 \times 60 \times (0.25 + 0.10 + 0.15)$$
$$= 4800.00\text{m}^3$$

套用定额 1-4。

（3）粗砂

$$V= 160 \times 60 \times 0.10$$
$$= 960.00\text{m}^3$$

套用定额 2-3。

（4）碎石

$$V= 160 \times 60 \times 0.25$$
$$= 2400.00\text{m}^3$$

套用定额 2-8。

（5）原土夯实

$$S= 160 \times 60$$
$$= 9600.00\text{m}^2$$

【例 3-11】 某桥面的铺装构造如图 3-21 所示，桥面檐板为石板铺装，厚度为 10cm，为了便于排水，桥面设置 1.5% 的横坡，试根据图中已知求其清单工程量。

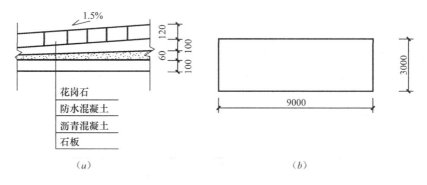

图 3-21 桥面构造示意图

（a）剖面图；（b）平面图

【解】

（1）石桥面铺筑

$$S= 9 \times 3$$
$$= 27.00\text{m}^2$$

（2）石桥面檐板

$$S= 9 \times 3$$

69

$$= 27.00\text{m}^2$$

清单工程量计算见表 3-12。

清单工程量计算表 表 3-12

序号	项目编码	项目名称	项目特征描述	工程量合计	计量单位
1	050201011001	石桥面铺筑	1. 石料种类、规格：花岗石，厚 120mm 2. 混凝土强度等级：C30	27.00	m²
2	050201012001	石桥面檐板	1. 石料种类：花岗石，厚 10cm 2. 砂浆配合比：1：3 水泥砂浆	27.00	m²

【**例 3-12**】 某处有一个石桥，共有 6 个如图 3-22 所示的桥墩，试根据已知条件，求其清单工程量。

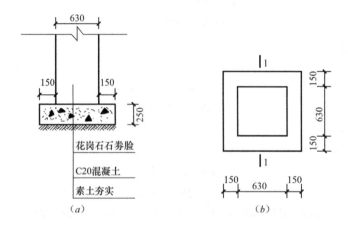

图 3-22 石桥基础示意图
(a) 1—1 剖面图；(b) 平面图

【解】

C20 混凝土石桥基础

$$V = (0.15 + 0.15 + 0.63) \times (0.15 + 0.15 + 0.63) \times 0.25 \times 6$$
$$= 1.30\text{m}^3$$

清单工程量计算见 3-13。

清单工程量计算表 表 3-13

序　号	项目编码	项目名称	项目特征描述	工程量合计	计量单位
1	050201006001	桥基础	石桥基础	1.30	m³

【**例 3-13**】 如图 3-23 所示为某石桥的局部示意图，试根据图中已知条件，求其工程量。

【解】

(1) 清单工程量

$$V = 4 \times 1.4 \times (0.3 + 0.25)$$
$$= 3.08\text{m}^3$$

清单工程量计算见表 3-14。

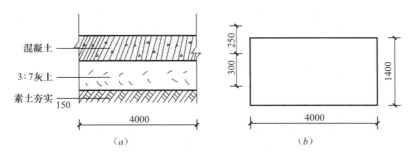

图 3-23 石桥基础局部示意图

(a) 断面示意图；(b) 平面示意图

清单工程量计算表

表 3-14

序　号	项目编码	项目名称	项目特征描述	工程量合计	计量单位
1	050201006001	桥基础	矩形基础	3.08	m³

（2）定额工程量

1）整理场地

$$S = 4 \times 1.4 \times 2$$
$$= 11.20 \text{m}^2$$

（桥基的整理场地按其底面积乘以系数 2，以"m²"为单位计算）

2）挖土方

$$V = 4 \times 1.4 \times (0.3 + 0.25)$$
$$= 3.08 \text{m}^3$$

套定额 1-4。

3）素土夯实

$$V = 4 \times 1.4 \times 0.15$$
$$= 0.84 \text{m}^3$$

4）3∶7 灰土

$$V = 4 \times 1.4 \times 0.3$$
$$= 1.68 \text{m}^3$$

5）混凝土基础

$$V = 4 \times 1.4 \times 0.25$$
$$= 1.40 \text{m}^3$$

套定额 7-1。

【例 3-14】　某公园有一木桥，桥面尺寸为 16100×3600mm，如图 3-24 所示，共 4 个桥墩。现根据图中所给出的内容，求该桥工程量。

【解】

（1）清单工程量

$$S = 16.1 \times (3.6 + 0.14 \times 2)$$
$$= 62.47 \text{m}^2$$

清单工程量计算见表 3-15。

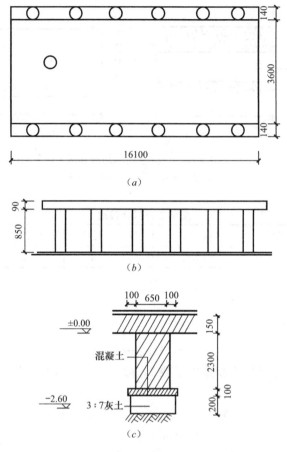

图 3-24　某大桥示意图

(a) 平面示意图；(b) 立面示意图；(c) 单个桥墩剖面示意图

清单工程量计算表　　　　　　　　　　　　　　表 3-15

序号	项目编码	项目名称	项目特征描述	工程量合计	计量单位
1	050201014001	木制步桥	1. 桥宽度：3.88m 2. 桥长度：16.1m	62.47	m²

（2）定额工程量

1）平整场地

$$S = 62.468 \times 2$$
$$= 124.94 \text{m}^2$$

（步桥按其底面积乘以系数 2，以"m²"为单位计算）

套定额 1-1。

2）素土夯实

$$V = 62.468 \times 0.15$$
$$= 9.37 \text{m}^3$$

3）挖土方

$$V = (16.1 + 0.1 \times 2) \times (3.6 + 0.14 \times 2 + 0.1 \times 2) \times 2.6$$

72

$$= 172.91 \text{m}^3$$

套定额 1-4（长和宽两边各增加 10cm）。

4）3：7 灰土垫层

$$V = (0.1 \times 2 + 0.65 + 0.1 \times 2) \times (3.6 + 0.14 \times 2 + 0.1 \times 2) \times 0.2 \times 4$$
$$= 3.43 \text{m}^3$$

（长和宽两边各增加 10cm）

5）混凝土桥墩、桥柱

$$V = (0.2 + 0.65) \times (3.6 + 0.14 \times 2 + 0.1 \times 2) \times 0.1 \times 4 + 0.65$$
$$\times (3.6 + 0.14 \times 2 + 0.1 \times 2) \times 2.3 \times 4$$
$$= 25.79 \text{m}^3$$

套定额 7-16。

6）混凝土桥面

$$V = 16.1 \times (3.6 + 0.14 \times 2) \times 0.15$$
$$= 9.37 \text{m}^3$$

7）木桥面

$$16.1 \times (3.6 + 0.14 \times 2)$$
$$= 62.47 \text{m}^2$$

套定额 7-84。

8）木栏杆

$$16.1 \times 2 = 32.2 \text{m}$$

9）木柱 1.2（10 根）（单位 10 根）

【例 3-15】 有一拱桥，采用花岗石制作安装拱券石，石券脸的制作、安装采用青白石，桥洞底板为钢筋混凝土处理，桥基细石安装用金刚墙青白石，厚 20cm，具体拱桥的构造如图 3-25 所示。试求其清单工程量。

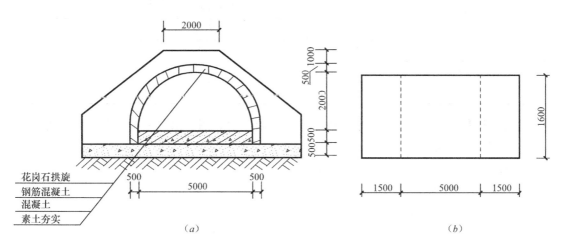

图 3-25 拱桥构造示意图
(a) 剖面图；(b) 平面图

【解】

（1）桥基础

1）混凝土石桥基础工程量：

$$V = 8 \times 1.6 \times 0.5$$
$$= 6.40 m^3$$

2）钢筋混凝土桥洞底板工程量：

$$V = 5 \times 1.6 \times 0.5$$
$$= 4.00 m^3$$

（2）拱券石

拱圈石层的厚度，应取桥拱半径的 1/12～1/6，加工成上宽下窄的楔形石块，石块一侧做有榫头另一侧做有榫眼，拱券时相互扣合。

$$V = \frac{1}{2} \times 3.14 \times (3^2 - 2.0^2) \times 1.6$$
$$= 12.56 m^3$$

（3）石券脸

$$V = \frac{1}{2} \times 3.14 \times (3^2 - 2.0^2) \times 2$$
$$= 15.70 m^3$$

注：石旋脸计算时要注意桥的两面工程量都要计算，所以要乘以 2 计算。

（4）金刚墙砌筑

$$V = 8 \times 1.6 \times 0.2$$
$$= 2.56 m^3$$

清单工程量计算见表 3-16。

清单工程量计算表　　　　　　　　　　表 3-16

序号	项目编码	项目名称	项目特征描述	工程量合计	计量单位
1	050201006001	桥基础	基础材料：混凝土石桥	6.4	m³
2	050201008001	拱券石	石料种类：花岗石	12.56	m³
3	050201009001	石券脸	石料种类：青白石	15.7	m³
4	050201010001	金刚墙砌筑	石料种类：青白石	2.56	m³

【例 3-16】　如图 3-26 所示为动物园驳岸的局部示意图，该部分驳岸长 12m，宽 3m，试根据已知条件，求该驳岸的工程量。

【解】

（1）清单工程量

按设计图示尺寸以体积计算。

$$V = 12 \times 3 \times (1.5 + 2.5)$$
$$= 144 m^3$$

清单工程量计算见表 3-17。

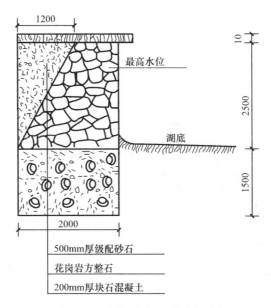

图 3-26 动物园驳岸局部剖面图

清单工程量计算表 表 3-17

序号	项目编码	项目名称	项目特征描述	工程量合计	计量单位
1	050202001001	石砌驳岸	1. 石料种类、规格：500mm厚级配砂石；花岗岩方整石 2. 驳岸截面、长度：截面 2m×2.5m，长 12m	144	m³

（2）定额工程量

1）平整场地

$$S = 12 \times 3$$
$$= 36.00 \text{m}^2$$

2）挖地坑

$$V = 12 \times 3 \times (1.5 + 2.5)$$
$$= 144.00 \text{m}^3$$

3）块石混凝土

$$V = 3 \times 12 \times 1.5$$
$$= 54.00 \text{m}^3$$

4）花岗石方整石从图上可看出，花岗岩方整石构成的表面呈梯形，所以要求其体积，只需用 $S_{梯} \times$ 长。

$$V = 1/2(上底 + 下底) \times 高 \times 长$$
$$= 1/2(2 - 1.2 + 2) \times 2.5 \times 12$$
$$= 42 \text{m}^3$$

5）级配砂石，级配砂石构成的图形是一个三棱柱

$$V = 1/2 \times 1.2 \times 2.5 \times 12$$
$$= 18.00 \text{m}^3$$

【例 3-17】 如图 3-27 所示为某湖局部驳岸示意图，已知驳岸长 280m，宽约 1.8m，卵石均厚 0.22m，同时水泥砂浆、防水层、钢筋混凝土等的均高为 31mm。试根据已知条件求该驳岸的工程量。

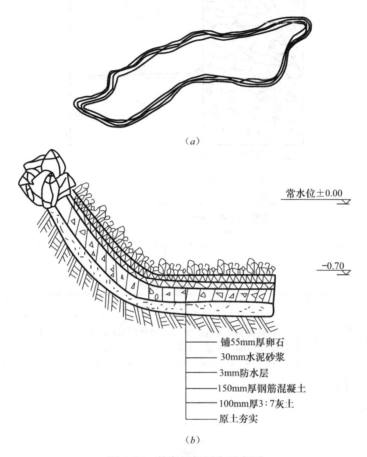

(a)

常水位±0.00

−0.70

铺55mm厚卵石
30mm水泥砂浆
3mm防水层
150mm厚钢筋混凝土
100mm厚3:7灰土
原土夯实

(b)

图 3-27 某湖局部驳岸示意图

(a) 平面示意图；(b) 局部剖面示意图

【解】

(1) 清单工程量

$$S = 1.8 \times 280$$
$$= 504.00 \text{m}^2$$

清单工程量计算见表 3-18。

清单工程量计算表 表 3-18

序号	项目编码	项目名称	项目特征描述	工程量合计	计量单位
1	050202003001	满（散）铺砂卵石护岸（自然护岸）	护岸平均宽度：1.8m	504	m²

(2) 定额工程量

1) 平整场地

$$S = 280 \times 1.8$$
$$= 504.00 \text{m}^2$$

2）挖土方

$$V = 280 \times 1.8 \times 0.31$$
$$= 156.24 \text{m}^3$$

3）原土夯实：504m²

4）3：7灰土：50.4m³

5）钢筋混凝土

$$V = 504 \times 0.15$$
$$= 75.60 \text{m}^3$$

6）防水层：405m²

7）水泥砂浆找平层：405m²

8）铺卵石

$$V = 1.8 \times 280 \times 0.22（均厚）$$
$$= 110.88 \text{m}^3$$

【例 3-18】 某园林内人工湖为原木桩驳岸，如图 3-28 所示。假山占地面积为 150m²，木桩为柏木桩，桩高 1.8m，直径为 13cm，试求其清单工程量。

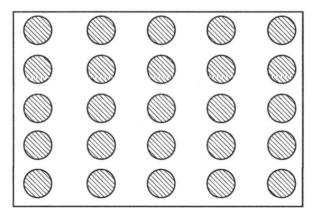

图 3-28 原木桩驳岸平面示意图

【解】

原木桩驳岸长度 ＝ 1 根木桩的长度 × 根数
$$L = 1.8 \times 25$$
$$= 45.00 \text{m}$$

清单工程量计算见表 3-19。

清单工程量计算表 表 3-19

序号	项目编码	项目名称	项目特征描述	工程量合计	计量单位
1	050202002001	原木桩驳岸	1. 木材种类：柏木桩 2. 桩直径：14cm 3. 桩单根长度：1.8m	45.00	m

【例 3-19】 某河流堤岸为散铺卵石护岸，护岸长 95m，平均宽 18m，护岸表面铺卵石，70mm 厚混凝土栽卵石，卵石层下为 45mm 厚 M2.5 混合砂浆，200mm 厚碎砖三合土，70mm 厚粗砂垫层，素土夯实，试根据已知条件求其清单工程量（图 3-29）。

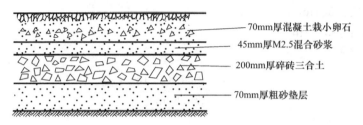

图 3-29　护岸剖面图

【解】

$$工程量 = 长 \times 护岸平均宽$$
$$S = 95 \times 18$$
$$= 1710.00 m^2$$

清单工程量计算见表 3-20。

清单工程量计算表　　　　　　　　　　　　　　　　　表 3-20

序号	项目编码	项目名称	项目特征描述	工程量合计	计量单位
1	050202003001	满（散）铺砂卵石护岸（自然护岸）	护岸平均宽度：18m	1710.00	m²

【例 3-20】 某大型广场园路总面积为 208m²，混凝土垫层宽 3.2m，厚 150mm；水泥砖路面宽 3.2m；C20 混凝土垫层，M5 混合砂浆结合层。试计算工程量，并填写分部分项工程量清单与计价表和工程量清单综合单价分析表。

【解】

（1）园路地基（按 280mm 厚计算）

整理路床工程量为

$$208 \times 0.28 = 58.24 m^3$$

1）人工费：

$$6.18 \times 58.24 = 359.92 元$$

2）机械费：

$$0.74 \times 58.24 = 43.10 元$$

3）合计：

$$359.92 + 43.10 = 403.02 元$$

（2）基础垫层（混凝土）工程量为

$$208 \times 0.15 = 31.20 m^3$$

1）人工费：

$$38.13 \times 31.20 = 1189.66 元$$

2）材料费：

$$126.48 \times 31.20 = 3946.18 元$$

3）机械使用费：

$$11.56 \times 31.20 = 360.67 \ \text{元}$$

4）合计：

$$1189.66 + 3946.18 + 360.67 = 5496.51 \ \text{元}$$

（3）预制水泥方格砖面层（浆垫）工程量为 208m²

1）人工费：

$$3.35 \times 208 = 696.80 \ \text{元}$$

2）材料费：

$$35.59 \times 208 = 7402.72 \ \text{元}$$

3）机械使用费：

$$0.07 \times 208 = 14.56 \ \text{元}$$

4）合计：

$$696.80 + 7402.72 + 14.56 = 8114.08 \ \text{元}$$

（4）综合

1）直接费用合计：

$$403.02 + 5496.51 + 8114.08 \ \text{元} = 14013.61 \ \text{元}$$

2）管理费：

$$14013.61 \times 34\% = 4764.63 \ \text{元}$$

3）利润：

$$14013.61 \times 8\% = 1121.09 \ \text{元}$$

4）合价：

$$14013.61 + 4764.63 + 1121.09 = 19899.33 \ \text{元}$$

5）综合单价：

$$19899.33 \div 208 = 95.67 \ \text{元}$$

其分部分项工程和单价措施项目清单与计价表及综合单价分析表，见表 3-21 和表 3-22。

分部分项工程和单价措施项目清单与计价表　　　　表 3-21

工程名称：某大型广场园路　　　　　　　标段：　　　　　　　第　页　共　页

序号	项目编号	项目名称	项目特征描述	计量单位	工程数量	综合单价	合价	其中 暂估价
1	050201001001	园路	1. 垫层厚度、宽度、材料种类：混凝土垫层宽 3.2m，厚 130mm 2. 路面宽度、材料种类：水泥砖路面宽 3.2m 3. 混凝土强度等级、砂浆强度等级：C20 混凝土垫层，M5 混合砂浆结合层	m²	208	95.67	19899.33	
合计							19899.33	

工程名称：某大型广场园路工程　　　标段：　　　　　　　　第　页　共　页

| 项目编码 | 050201001001 | 项目名称 | 园路 | 计量单位 | m² | 工程量 | 208 |

综合单价组成明细

定额编号	定额名称	定额单位	数量	单价/元				合价/元			
				人工费	材料费	机械费	管理费和利润	人工费	材料费	机械费	管理费和利润
1-20	人工回填土，夯填	m³	0.28	6.18	—	0.74	2.91	1.73	—	0.21	0.81
2-5	垫层素混凝土	m³	0.15	38.13	126.48	11.56	73.99	5.72	18.97	1.73	11.10
2-11	水泥方格砖路面	m³	1	3.35	35.59	0.07	16.38	3.35	35.59	0.07	16.38
人工单价				小计				10.80	35.59	2.01	28.29
30.81 元/工日				未计价材料费				18.98			
清单项目综合单价								95.67			

	名称、规格、型号			单位	数量	单价/元	合价/元	暂估单价/元	暂估合价/元
材料费明细	水泥方格砖（50mm×250mm×250mm）			块	12	1.581	18.98		
	其他材料费						—		—
	材料费小计					—	18.98	—	

【例 3-21】　某公园步行木桥，桥面总长为 6m、宽为 1.5m，桥板厚度为 25mm，满铺平口对缝，采用木桩基础；原木梢径 $\phi80$、长 5m，共 16 根；横梁原木梢径 $\phi80$、长 1.8m，共 9 根；纵梁原木梢径 $\phi100$、长 5.6m，共 5 根。栏杆、栏杆柱、扶手、扫地杆、斜撑采用枋木 80mm×80mm（刨光），栏杆高 900mm。全部采用杉木。试计算工程量。

【解】

（1）业主计算

业主根据施工图计算步行木桥工程量为：

$$S = 6 \times 1.5$$
$$= 9.00 \text{m}^2$$

（2）投标人计算

1）原木桩工程量（查原木材积表）为 0.64m³。

① 人工费：25 元/工日×5.12 工日=128 元

② 材料费：原木 800 元/m³×0.64m³=512 元

③ 合计：640.00 元。

2）原木横、纵梁工程量（查原木材积表）为 0.472m³。

① 人工费：25 元/工日×3.42 工日=85.44 元

② 材料费：原木 800 元/m³×0.472m³=377.60 元

扒钉 3.2 元/kg×15.5kg=49.60 元

小计：427.20 元

③ 合计：512.64 元。

3）桥板工程量 3.142m³。

① 人工费：25 元/工日×22.94 工日=573.44 元

② 材料费：板材 1200 元/m³×3.142m³=3770.4 元

铁钉 2.5 元/kg×21kg=52.5 元

小计：3822.90 元

③ 合计：4396.34 元

4）栏杆、扶手、扫地杆、斜撑工程量 0.24m³。

① 人工费：25 元/工日×3.08 工日=77.12 元

② 材料费

枋材：1200 元/m³×0.24m³=288.00 元

铁材：3.2 元/kg×6.4kg=20.48 元

小计：308.48 元

③ 合计：385.60 元。

5）综合。

① 直接费用合计：5934.58 元

② 管理费：5934.58 元×25%=1483.65 元

③ 利润：5934.58 元×8%=474.77 元

④ 总计：7893.09 元

⑤ 综合单价：877.01 元。

分部分项工程和单价措施项目清单与计价表见表 3-23，综合单价分析表见表 3-24。

分部分项工程和单价措施项目清单与计价表　　表 3-23

工程名称：某公园步行木桥施工工程　　　　　　　　标段：　　　　　　　　　第　页　共　页

序号	项目编号	项目名称	项目特征描述	计量单位	工程数量	综合单价	合价	其中暂估价
1	050201014001	木制步桥	1. 桥宽度：1.5m 2. 桥长度：6m 3. 木材种类：原木 4. 各部位截面长度：原木桩基础长 5m；原木纵梁长 5.6m；原木横梁长 1.8m 5. 防护材料种类：栏杆、扶手、扫地杆、斜撑枋木 80mm×80mm（刨光），栏高 900mm；全部采用杉木	m²	9	877.01	7893.09	
		合计					7893.09	

工程名称：某公园步行木桥施工工程   标段：   第 页 共 页

项目编码	050201014001	项目名称		木制步桥	计量单位		m^2	工程量		9

综合单价组成明细

定额编号	定额名称	定额单位	数量	单价/元				合价/元			
				人工费	材料费	机械费	管理费和利润	人工费	材料费	机械费	管理费和利润
—	原木桩基础	m^3	0.071	128	800	—	306.24	9.09	56.8	—	21.74
—	原木梁	m^3	0.052	85.44	800	—	292.20	4.44	41.6	—	15.19
—	桥板	m^3	0.369	57.34	1200	—	414.92	21.16	442.8	—	153.11
—	栏杆、扶手、斜撑	m^3	0.027	77.12	1200	—	421.45	2.08	32.4	—	11.38
人工单价			小计					36.77	573.6	—	201.42
25元/工日			未计价材料费						65.22		
		清单项目综合单价							877.01		

材料费明细	名称、规格、型号		单位	数量	单价/元	合价/元	暂估单价/元	暂估合价/元
	扒钉		kg	1.72	3.2	5.5		
	铁钉		kg	2.33	2.5	5.83		
	铁材		kg	0.71	3.2	2.27		
	其他材料费				—	51.62	—	
	材料费小计				—	65.22	—	

【例 3-22】 某公园有一石桥，具体基础构造如图 3-30 所示，桥的造型形式为平桥，已知桥长为 10m、宽为 2m，试求园桥的基础工程量（该园桥基础为杯形基础，共有 3 个）。

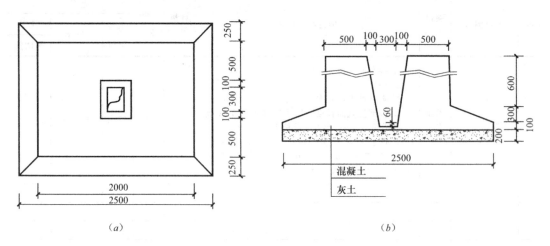

(a)   (b)

图 3-30 石桥基础构造图

(a) 平面图；(b) 剖面图

【解】

（1）灰土垫层工程量

$$V_1 = 3 \times 2.5 \times 2 \times 0.2$$
$$= 3.0 \text{m}^3$$

（2）单个混凝土基础工程量

$$V_2 = 2.5 \times 2 \times 0.1 + 1.5 \times 2 \times 0.6 + \frac{0.3}{6} \times [2.5 \times 2 + 2 \times 1.5 + (2.5 + 2)$$

$$\times (2 + 1.5)] - \frac{(0.6 + 0.3 + 0.05)}{6} \times [0.3^2 + 0.5^2 + (0.3 + 0.5)^2]$$

$$= 0.5 + 1.8 + 1.19 - 0.16$$

$$= 3.33 \text{m}^3$$

（3）混凝土基础总的工程量

$$V = 3 \times V_2$$
$$= 3 \times 3.33$$
$$= 9.99 \text{m}^3$$

清单工程量计算见表 3-25。

清单工程量计算表   表 3-25

序号	项目编码	项目名称	项目特征描述	工程量合计	计量单位
1	050201006001	桥基础	1. 基础类型：杯形基础 2. 垫层及基础材料种类、规格：灰土垫层、混凝土基础	9.99	m³

【例 3-23】 某桥在檐口处钉制花岗石檐板。用银锭安装，起到封闭作用。檐板每块宽为 0.4m，厚为 6cm，桥宽为 30m、长为 90m，如图 3-31 所示，试求檐板工程量。

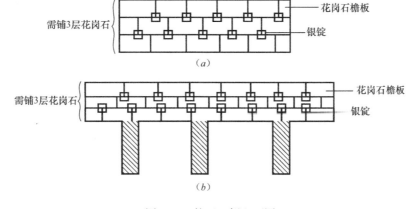

图 3-31 校正、侧立面图

(a) 桥侧立面图；(b) 桥正立面图

【解】

花岗石檐板工程量：

$$S= 30 \times 0.4 \times 3 \times 2 + 90 \times 0.4 \times 3 \times 2$$
$$= 72 + 216$$
$$= 288 \text{m}^2$$

清单工程量计算见表 3-26。

清单工程量计算表

表 3-26

序号	项目编码	项目名称	项目特征描述	工程量合计	计量单位
1	050201012001	石桥面檐板	石料种类、规格：花岗石、每块宽为0.4m、厚为 6cm	288	m²

4 园林景观工程手工算量与实例精析

4.1 园林景观工程工程量手算方法

4.1.1 堆塑假山工程量

1. 堆筑土山丘

（1）计算公式

$$V = \frac{1}{3} \times L \times B \times H \quad (\text{m}^3)$$

式中　V——图示山丘体积，m^3；

　　　L——图示山丘水平投影外接长度，m；

　　　B——图示山丘水平投影外接宽度，m；

　　　H——图示山丘高度，m。

（2）工程量计算规则及说明

堆筑土山丘工程量按设计图示山丘水平投影外接矩形面积乘以高度的 1/3 以体积计算。

堆筑土山丘是指山体以土壤堆成，或利用原有凸起的地形、土丘，加堆土壤以突出其高耸的山形。为使山体稳固，常需要较宽的山麓。因此布置土山需要较大的园地面积。

2. 堆砌石假山

（1）清单工程量

1）计算公式

$$m = \rho V \quad (\text{t})$$

式中　m——堆砌石假山的质量，t；

　　　ρ——堆砌假山用石的密度，t/m^3；

　　　V——图示假山体积，m^3。

2）工程量计算规则

堆筑土石假山工程量按设计图示尺寸以质量计算。

（2）定额工程量

$$W = AH\rho K_{\text{n}} \quad (\text{t})$$

式中　W——石料质量，t；

　　　A——假山平面轮廓的水平投影面积，m^2；

　　　H——假山着地点至最高顶点的垂直距离，m；

　　　ρ——石料密度，黄（杂）石为 2.6t/m^3，湖石为 2.2t/m^3；

K_n——折算系数，高度在 2m 以内 $K_n=0.65$，高度在 4m 以内 $K_n=0.54$。

1）工程量计算规则

① 假山工程量一般以设计的山石实际吨位数为基数来推算，并以工日数表示。假山采用的山石种类不同、假山造型不同、假山砌筑方式不同都会影响工程量。由于假山工程的变化因素太多，每工日的施工定额也不容易统一，因此准确计算工程量有一定难度。根据十几项假山工程施工资料统计的结果，包括放样、选石、配制水泥砂浆及混凝土、吊装山石、堆砌、刹垫、搭拆脚手架、抹缝、清理、养护等全部施工工作在内的山石施工平均工日定额，在精细施工条件下，应为 0.1～0.2t/工日；在大批量粗放施工情况下，则应为 0.3～0.4t/工日。

② 堆砌湖石假山、黄石假山、整块湖石峰、人造湖石峰、人造黄石峰以及土山点石的工程量均按不同山、峰高度，以堆砌石料的质量计算。计量单位为"t"。

堆砌假山石料质量=进场石料验收质量－剩余石料质量。

③ 假山顶部凸出的石块，不得执行人造独立峰定额。人造独立峰（仿孤块峰石）是指人工叠造的独立峰石。

④ 假山的基本结构可分为以下三大部分：

a. 基础：假山的基础是承重的结构。基础的承载能力是由地基的深浅、用材、施工等方面决定的。地基的土壤种类不同，承载能力也不同。岩石类，50～400t/m²；碎石土，20～30t/m²；砂土类，10～40t/m²；黏性土，8～30t/m²；杂质土承载力不均匀，必须回填好土。根据假山的高度，确定基础的深浅，由设计的山势、山体分布位置等确定基础的大小轮廓。假山的重心不能超出基础之处，重心偏离铅垂线，稍超越基础，山体倾斜时间长了，就会倒塌。

b. 中层：假山的中层指底石之上、顶层以下的部分，这部分体量大，占据了假山相当一部分高度。

c. 顶层：最顶层的山石部分，一般有峰、峦和平顶三种类型。

（a）峰：分剑立式，上小下大，有竖直而挺拔高耸之感；斧立式上大下小，如斧头倒立，稳重中存有险意；斜壁式，上小下大，斜插如削，势如山岩倾斜，有明显动势。

（b）峦：山头比较圆缓的一种形式，柔美的特征比较突出。

（c）平顶：山顶平坦如盖，或如卷云、流云。这种假山整体上大下小，横向挑出，如青云横空，高低参差。

⑤ 常见假山的材料如图 4-1 所示。

⑥ 山石工程常用图例见表 4-1。

太湖石　　　　黄石　　　　　　青石　　　　　　房山石

图 4-1　各类假山材料（一）

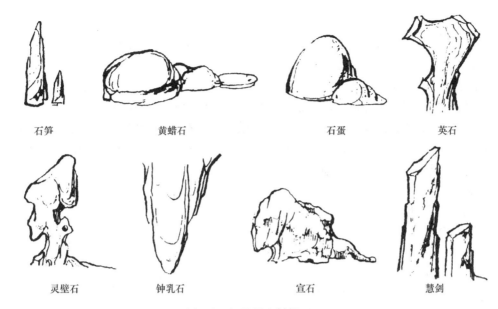

| 石笋 | 黄蜡石 | 石蛋 | 英石 |
| 灵璧石 | 钟乳石 | 宣石 | 慧剑 |

图 4-1 各类假山材料（二）

山石　　　　　　　　　　　　　　　　　　　　　表 4-1

序　号	名　　称	图　　例	说　　明
1	自然山石假山		—
2	人工塑石假山		—
3	土石假山		包括土包石、石包土及土假山
4	独立景石		由形态奇特、色彩美观的天然块石，如湖石、黄蜡石独置而成的石景

3. 塑假山

（1）清单工程量

1）计算公式

$$工程量 ＝ 图示展开面积　（m^2）$$

2）工程量计算规则

塑假山工程量按设计图示尺寸以展开面积计算。

（2）定额工程量

1）计算公式

$$工程量 ＝ 外围表面积　（10m^2）$$

2）工程量计算规则及说明

①砖骨架塑假石山的工程量按不同高度，以塑假石山的外围表面积计算，计量单位为"10m²"。

②钢骨架、钢网塑假石山的工程量按其外围表面积计算，计量单位为"10m²"。

在现代园林中，为了降低假山石景的造价和增强假山石景景物的整体性，常常采用水泥材料以人工塑造的方式来制作假山或石景。做人造山石，一般以铁条或钢筋为骨架做成山石模胚与骨架，然后再用小块的英德石贴面，贴英德石时应注意理顺皱纹，并使色泽一致，最后塑造成的山石才会比较逼真。

4. 石笋

（1）清单工程量

1）计算公式

$$工程量 = 图示数量 \quad （支）$$

2）工程量计算规则

石笋工程量按设计图示数量计算。

（2）定额工程量

$$m = \rho V \quad （t）$$

式中　m——堆砌石笋的质量，t；

　　　ρ——石笋的密度，t/m³；

　　　V——图示石笋体积，m³。

2）工程量计算规则

石笋安装、土山点石的工程量均按不同山、峰高度，以堆砌石料的质量计算。计量单位为"t"。

5. 点风景石

（1）计算公式

$$工程量 = 图示数量 \quad （支）$$

或

$$W_单 = L_均 B_均 H_均 \rho \quad （t）$$

式中　$W_单$——山石单体重量，t；

　　　$L_均$——长度方向的平均值，m；

　　　$B_均$——宽度方向的平均值，m；

　　　$H_均$——高度方向的平均值，m；

　　　ρ——石料密度，t/m³。

（2）工程量计算规则

1）清单工程量计算规则

①按设计图示数量计算，以块（支、个）计量。

②按设计图示石料质量计算，以吨计量。

2）定额工程量计算规则及说明

布置景石的工程量按不同单块景石，以布置景石的质量计算，计量单位为"t"。

景石是指不具备山形但以奇特的形状为审美特征的石质观赏品；散点石是指无呼应

联系的一些自然山石分散布置在草坪、山坡等处,主要起点缀环境、烘托野地氛围的作用。

6. 池、盆景置石

(1) 计算公式

$$工程量 = 图示数量 \quad (座 / 个)$$

(2) 工程量计算规则

池、盆景置石工程量按设计图示数量计算。

1) 池石:池中堆山,则池石,园林第一胜景也。若大若小,更有妙境,就水点其步石,从巅架以飞梁,洞穴潜藏,穿石径水,峰峦缥缈,漏月招云。池石的山石高度要与环境空间和水池的体量相称,一般石景的高度应小于水池长度的 1/2。

山石种类主要有湖石(太湖石、仲宫石、房山石、英德石、宣石)、黄石、青石、石笋石、钟乳石、水秀石、云母片石、大卵石和黄蜡石。

2) 盆景石:在有的园林露地庭院中,布置成大型的山水盆景。盆景中的山水景观大都是按照真山真水形象塑造的,而且有着显著的小中见大的艺术效果,能够让人领会到咫尺千里的山水意境。

7. 山(卵)石护角

(1) 计算公式

$$工程量 = 图示体积 \quad (m^3)$$

(2) 工程量计算规则

山(卵)石护角工程量按设计图示尺寸以体积计算。

山石护角是为了使假山呈现设计拟定的轮廓而在转角用山石设置的保护山体的一种措施。

8. 山坡(卵)石台阶

(1) 计算公式

$$工程量 = 水平投影面积 \quad (m^2)$$

(2) 工程量计算规则

山坡(卵)石台阶工程量按设计图示尺寸以水平投影面积计算。

山坡石台阶指随山坡而砌,多使用不规整的块石,砌筑的台阶一般无严格统一的每步台阶高度限制,踏步和踢脚无需石表面加工或有少许加工(打荒)的台阶。

4.1.2 原木、竹构件工程量

1. 原木(带树皮)柱、梁、檩、椽

(1) 计算公式

$$工程量 = 图示长度 \quad (m)$$

(2) 工程量计算规则

1) 原木(带树皮)柱、梁、檩、椽工程量按设计图示尺寸以长度计算(包括榫长)。

2) 原木主要取伐倒木的树干或适用的粗枝,按树种、树径和用途的不同,横向截断成规定长度的木材。原木是商品木材供应中最主要的材种,分为直接使用原木和加工用原木两大类。直接使用原木有坑木、电杆和桩木 Ⅰ 力 Ⅱ 工用原木分为一般加工用材和特殊加工用材。特殊加工用的原木包括造船材、车辆材和胶合板材。各种原木的径级、长度、树种及材质要求，由国家标准规定。

3）原木（带树皮）柱、梁、檩、椽指主要取伐倒木的树干，也可取适用的粗枝，按树种、树径和用途的不同，只进行横向截断成规定长度的木材做成的柱、梁、檩、椽。

① 柱，将整个建筑物的荷载竖向传递到基础和地基上。由原木或方木制成，用以承受并传递轴向压力的竖向直线构件，称为木柱。按外形和用途分为矩形柱、圆柱、多边形柱和构造柱。

② 梁，是园林建筑与小品的承重构件之一，它承受建筑结构作用在梁上的荷载，且经常和柱等共同承受建筑物和其他物体的荷载。钢筋混凝土梁按照断面形状可以分为矩形梁和异形梁。异形梁如"L""T""＋""工"字形等。按结构部件可以划分为基础梁、圈梁、过梁、连续梁等。

梁构件指横向放置，用于支承柱类构件，且不直接承受椽类构件荷载的木构件。梁类构件的长度最短为界，长的则有四界，甚至六界。

梁类构件有二、三、四、五、六、七、八、九架梁、单步梁、双步梁、三步梁、天花梁、斜梁、递角梁、抱头梁、挑尖梁、接尾梁、抹角梁、踩步金梁、承重梁、踩步梁等各种受弯承重构件。

③ 檩，指两端搁在花架过梁上的混凝土梁，用以支承花架植物体的简支构件。由方木、原木（圆木或半圆木）制成，架设在屋架上弦、横隔墙或硬山横墙上，用以承受并传递屋盖荷载的构件，称为木檩。

檩类构件有檐檩、金檩、脊檩等。

④ 桁：在建筑最高处，桁面搁置椽子，以承受屋面荷载，传递荷载至柱、梁类构件。

桁类构件有正心桁、挑檐桁、金桁、脊桁、扶脊木等构件。

⑤ 椽，指房子檩上架着屋面板和瓦的木条或木杆。

2. 原木（带树皮）墙

（1）计算公式

$$工程量 ＝ 图示墙长度 \times 墙厚度 \quad (m^2)$$

（2）工程量计算规则

原木（带树皮）墙工程量按设计图示尺寸以面积计算（不包括柱、梁）。

原木（带树皮）墙，指主要取伐倒木的树干，也可取适用的粗枝，保留树皮，按树种、树径和用途的不同，只进行横向截断而规定长度的木材所制成的墙体；用来分隔空间。

3. 树枝吊挂楣子

（1）计算公式

$$工程量 ＝ 图示框外围长度 \times 框外围宽度 \quad (m^2)$$

（2）工程量计算规则

树枝吊挂楣子工程量按设计图示尺寸以框外围面积计算。

树枝吊挂楣子指用树枝编织加工制成的吊挂楣子。楣子是安装于建筑檐柱间的兼有装饰和实用功能的装修。依位置不同，分为倒挂楣子和坐凳楣子。

1）倒挂楣子安装于檐枋之下，有丰富和装点建筑立面的作用。还有将倒挂楣子用整块木板雕刻成花罩形式的，称为花罩楣子。

倒挂楣子由边框、棂条以及花牙子等组成，楣子高（上下横边外皮尺寸）一尺至一尺半不等，临期酌定。边框断面为 4cm×5cm 或 4.5cm×6cm，小面为看面，大面为进深。棂条断面同一般装修棂条，为六、八分（1.8cm×2.5cm），花牙子是安装在楣子立边与横边交角处的装饰件，通常做双面透雕，常见的花纹图案有草龙、番草、松、竹、梅、牡丹等。

2）坐凳楣子安装在檐下柱间，除有丰富立面的功能外，还可供人坐下休息。楣子的棂条花格形式同一般装修。

坐凳楣子由坐凳面、边框、棂条等组成。坐凳面厚度在一寸半至二寸不等，坐凳楣子边框与棂条尺寸可同倒挂楣子，坐凳楣子高一般为 50～55cm。

4. 竹柱、梁、檩、椽

（1）计算公式

$$工程量 = 图示长度 \quad (m)$$

（2）工程量计算规则

竹柱、梁、檩、椽工程量按设计图示尺寸以长度计算。

5. 竹编墙

（1）计算公式

$$工程量 \quad 图示墙长度 × 墙厚度 \quad (m^2)$$

（2）工程量计算规则

竹编墙工程量按设计图示尺寸以面积计算（不包括柱、梁）。

竹编墙指用竹材料编成的墙体，用来分隔空间和防护用。竹编墙清新典雅，具有较浓郁的民族和民间色彩，适宜与室内和室外装饰、陈设、绿化相结合。

6. 竹吊挂楣了

（1）计算公式

$$工程量 = 图示框外围长度 × 框外围宽度 \quad (m^2)$$

（2）工程量计算规则

竹吊挂楣子工程量按设计图示尺寸以框外围面积计算。

竹吊挂楣子是用竹编织加工制成，因其吊挂在檐枋之下，所以称之为吊装楣子。它是用竹材做成各种花纹图案。

4.1.3 亭廊屋面工程量

1. 草屋面、油毡瓦屋面

（1）计算公式

$$工程量 = 斜面长度 × 斜面宽度 \quad (m^2)$$

（2）工程量计算规则及说明

草屋面、油毡瓦屋面工程量按设计图示尺寸以斜面计算。

1）草屋面是指用草铺设建筑顶层的构造层。草屋面的屋面坡度应满足下列要求：

① 单坡跨度大于 9m 的屋面宜做结构找坡，坡度不应小于 3%。

② 当材料找坡时，可用轻质材料或保温层找坡，坡度宜为 2%。

③ 天沟、檐沟纵向坡度不应小于 1%，沟底水落差不得超过 200mm；天沟、檐沟排水不得流经变形缝和防火墙。

④ 卷材屋面的坡度不宜超过 25%，当坡度超过 25%时应采取防止卷材下滑的措施。

⑤ 刚性防水屋面应采用结构找坡，坡度宜为 2%～3%。

2) 屋面坡度与斜面长度系数见表 4-2。

屋面坡度与斜面长度系数 表 4-2

屋面坡度			斜长系数
高度系数	坡度系数	角度	
1.00	1/1	45°	1.4142
0.67	1/1.5	33°40′	1.2015
0.50	1/2	26°34′	1.1180
0.45	—	24°14′	1.0966
0.40	1/2.5	21°48′	1.0770
0.33	1/3	18°26′	1.0541
0.25	1/4	14°02′	1.0380
0.20	1/5	11°19′	1.0198
0.15	—	8°32′	1.0112
0.125	1/8	7°08′	1.0078
0.10	1/10	5°42′	1.0050
0.083	1/12	4°45′	1.0035
0.066	1/15	3°49′	1.0022

2. 竹屋面

(1) 计算公式

$$工程量 = 实铺面积 \quad （m^2）$$

(2) 工程量计算规则及说明

竹屋面工程量按设计图示尺寸以实铺面积计算（不包括柱、梁）。

竹屋面指建筑顶层的构造层由竹材料铺设成。竹屋面的屋面坡度要求与草屋面基本相同。

3. 树皮屋面

(1) 计算公式

$$工程量 = 屋面外围长度 \times 外围宽度 \quad （m^2）$$

(2) 工程量计算规则及说明

树皮屋面工程量按设计图示尺寸以屋面结构外围面积计算。

树皮屋面指建筑顶层的构造层由树皮铺设而成。树皮屋面的铺设是用桁、椽搭接于梁架之上，再在上面铺树皮做脊。

4. 预制混凝土穹顶

(1) 计算公式

$$工程量 = 图示体积 + 混凝土脊和穹顶的肋、基梁体积 \quad （m^3）$$

(2) 工程量计算规则

预制混凝土穹顶工程量按设计图示尺寸以体积计算。混凝土脊和穹顶的肋、基梁并入屋面体积。

预制混凝土穹顶指在施工现场安装之前，在预制加工厂预先加工而成的混凝土穹顶。穹顶指屋顶形状似半球形的拱顶。

房屋前坡屋面相交的屋顶交线为脊线，在此线上用不同砖瓦件做成的压顶叫正脊。在正脊的两个端头，砌有龙形装饰物（此物叫吻兽）的称为带吻正脊。带吻正脊是等级较高的屋顶所用的屋脊，布瓦屋面的带吻正脊一般从下而上，由当沟、瓦条、陡板、混砖和筒瓦眉子顶夹灰砌成。

5. 钢板、玻璃、木屋面

（1）计算公式

$$工程量 = 实铺面积 \quad (m^2)$$

（2）工程量计算规则

彩色压型钢板（夹芯板）攒尖亭屋面板、彩色压型钢板（夹芯板）穹顶、玻璃屋面、木（防腐木）屋面工程量按设计图示尺寸以实铺面积计算。

1）压型钢板是以冷轧薄钢板为基板，经镀锌或镀铝后覆以彩色涂层再经辊弯成形的波纹板材，是一种重量轻、强度高、外观美观、抗震性能好的新型建材。广泛用于建筑屋面及墙面围护材料。也可以与保温防水材料复合使用。

彩色压型钢板（夹芯板）攒尖亭屋面板是由厚度 0.8～1.6mm 的薄钢板经冲压加工而成的彩色瓦楞状产品加工成的攒尖亭屋面板。

2）彩色压型钢板（夹芯板）穹顶是由厚度 0.8～1.6mm 的薄钢板经冲压加工而成的彩色瓦楞状产品所加工成的穹顶。

4.1.4 花架工程量

1. 现浇与预制混凝土花架柱、梁

（1）计算公式

$$工程量 = 图示体积 \quad (m^3)$$

（2）工程量计算规则

现浇混凝土花架柱、梁，预制混凝土花架柱、梁工程量按设计图示尺寸以体积计算。

1）现浇混凝土花架柱、梁是指直接在现场支模、绑扎钢筋、浇灌混凝土而成形的花架柱、梁。连系梁是用以将平面排架、框架、框架与剪力墙或剪力墙与剪力墙连接起来，以形成完整的空间结构体系的梁，也可称"连梁"或系梁。

2）钢筋混凝土花架负荷一般按 0.2～0.5kN/m^2 计，再加上自重，也不为重，所以可按建筑艺术要求先定截面，再按简支或悬臂方式来验算截面高度 h。

简支：$h \geqslant L/20$（L——简支跨径）；

悬臂：$h \geqslant L/9$（L——悬臂长）。

① 花架上部小横梁（格子条）。断面选择结果常为 50mm×（120～160）mm、间距 500mm，两端外挑 700～750mm，内跨径多为 2700mm、3000mm、3300mm。

② 花架梁。断面选择结果常在 80mm×（160～180）mm 间，可分别视施工构造情况，按简支梁或连续梁设计。纵梁收头处外挑尺寸常在 750mm 左右，内跨径则在 3000mm 左右。

③ 悬臂挑梁。挑梁截面尺寸形式不仅要满足前面要求，为求视觉效果，本身还有起拱和上翘要求。一般上翘高度 60～150mm，视悬臂长度而定。

搁置在纵梁上的支点可采用 1～2 个。

④ 钢筋混凝土柱。柱的截面控制在 150mm×150mm 或 150mm×180mm 间，若用圆

形截面 d 取 160mm 左右，现浇、预制均可。

3）常见的花架柱形式如下：

① 单片花架示意图如图 4-2 所示。

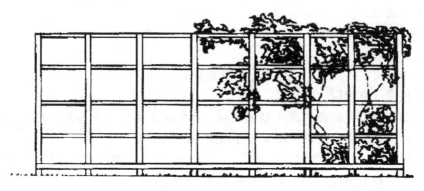

图 4-2　单片花架示意图

② 直廊式花架如图 4-3 所示。

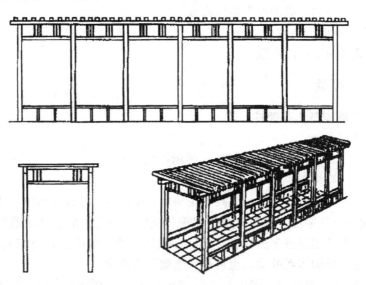

图 4-3　直廊式花架示意图

③ 单柱 V 形花架如图 4-4 所示。

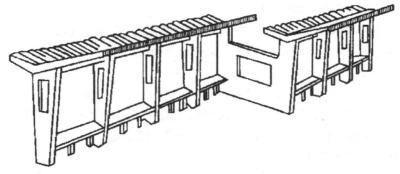

图 4-4　单柱 V 形花架示意图

2. 金属花架柱、梁

（1）计算公式

$$m = \rho V \quad (t)$$

式中 m——花架柱、梁的质量，t;

ρ——花架柱、梁金属的密度，t/m^3;

V——花架柱、梁用料体积，m^3。

（2）工程量计算规则

金属花架柱、梁工程量按设计图示以质量计算。

1）预制混凝土花架柱、梁是指在施工现场安装之前，按照花架柱、梁各部件的有关尺寸，进行预先下料，加工成组合部件或在预制加工厂定购各种花架柱、梁构件。

2）花架构件是指梁、檩、柱、坐凳等各花架的组成部分的总称。

3. 木花架柱、梁

（1）计算公式

$$工程量 = 图示截面面积 \times 长度(包括榫长) \quad (m^3)$$

（2）工程量计算规则

木化架柱、梁工程量按设计图示截面乘长度（包括榫长）以体积计算。

1）木花架柱、梁是指用木材加工制作而成的花架柱、梁。木材种类可分为针叶树材和阔叶树材两大类。杉木及各种松木等是针叶树材；柞木、水曲柳、香樟、檫木及各种桦木、楠木和杨木等是阔叶树材。中国树种很多，因此各地区常用于工程的木材树种也各异。

① 支柱。柞木、柚木等具有最长的使用年限，使用年限能达到 100 年或更长。

② 主梁。用于柱的硬木有柞木、柚木等，可较好地用于主梁。虽然柞木的截面小一些，如不加约束也可两根一起使用。软材，如经浸渍的松木或纵木等，在其构造做法中应避免留有存水的凹槽，其顶部用金属或柞木做压顶的，可延长使用年限。

2）木花架的应用：竹木材朴实、自然、价廉、易于加工，所以木花架可应用于各种类型的园林绿地中，常设置在风景优美的地方供休息，也可以和亭、廊、水榭等结合，组成外形美观的园林建筑群；在居住区绿地、儿童游戏场中木花架可供休息、遮荫、纳凉；用木花架代替廊子，可以联系空间；用格子垣攀缘藤本植物，可分隔景物；园林中的茶室、冷饮部、餐厅等，也可以用花架作凉棚，设置坐席；还可用木花架作园林的大门等。

4. 竹花架柱、梁

（1）计算公式

$$工程量 = 图示长度 \quad (m)$$

或

$$工程量 = 图示数量 \quad (根)$$

（2）工程量计算规则

1）按设计图示花架构件尺寸以延长米计算，以长度计量。

2）按设计图示花架柱、梁数量计算，以根计量。

4.1.5 园林桌椅工程量

1. 飞来椅

（1）清单工程量

1）计算公式

$$工程量 = 图示长度 \quad (m)$$

2）工程量计算规则

预制钢筋混凝土飞来椅、水磨石飞来椅、竹制飞来椅工程量按设计图示尺寸以座凳面中心线长度计算。

（2）定额工程量

1）计算公式

$$工程量 = 图示面积 \quad (m^2)$$

2）工程量计算规则及说明

飞来椅工程量按设计图示尺寸以面积计算。

① 钢筋混凝土飞来椅以钢筋为增强材料。混凝土抗压强度高，抗拉强度低，为满足工程结构的要求，可在混凝土中合理地配置抗拉性能优良的钢筋，可避免拉应力破坏，大大提高混凝土整体的抗拉、抗弯强度。

坐凳面厚度、宽度：钢筋混凝土飞来椅的坐凳面宽度通常为 310mm，厚度通常为90mm。

② 竹制飞来椅：由竹材加工制作而成的坐椅。设在园路旁，具有使用和装饰双重功能。

坐凳面宽度：凳、椅高的坐面离地 30～45cm，坐面高 40～55cm。一个人的座位宽60～75cm。椅的靠背高 35～65cm，并宜作 3°～15° 的后倾。

2. 桌凳、椅子

（1）清单工程量

1）计算公式

$$工程量 = 图示数量 \quad (个)$$

2）工程量计算规则

现浇混凝土桌凳，预制混凝土桌凳，石桌石凳，水墨石桌凳，塑树根桌凳，塑树节椅，塑料、铁艺、金属椅工程量按设计图示数量计算。

（2）定额工程量

1）计算公式

$$工程量 = 图示体积 \quad (m^3)$$

2）工程量计算规则及说明

混凝土桌凳、椅子工程量按其实际体积计算。

① 园桌与园凳属于休息性的园林小品设施。在园林中，设置形式优美的坐凳具有舒适诱人的作用，丛林中巧置一组树桩凳或一组景石凳可以使人顿觉林间生机盎然。园桌、园凳适合于活动内容集中、游人多和儿童游戏场等环境的空间之中，以满足游人休息、观赏、儿童游戏等功能的要求。

② 现浇混凝土桌凳：指在施工现场直接按桌凳各部件相关尺寸进行支模、绑扎钢筋、

浇筑混凝土等工序制作桌凳。

③ 预制混凝土桌凳指在施工现场安装之前，按照桌凳各部件相关尺寸，进行预先下料、加工和部件组合或在预制加工厂定购各种桌凳构件。

a. 桌凳形状：可设计成方形、圆形、长方形等形状。

b. 基础形状、尺寸、埋设深度：基础形状以支墩形状为准，基础的周边应比支墩延长 100mm。基础埋设深度为 180mm。

c. 桌面形状、尺寸、支墩高度：方形桌面的边长设计成 800mm，厚 80mm，支墩高度为 740mm，其中包括埋设深度 120mm。

d. 凳面尺寸、支墩高度：方形凳面边长为 370mm，厚 120mm，支墩高度为 400mm，其中包括埋设深度 120mm。

④ 石桌石凳的材料主要以大理石、汉白玉材料为主。石桌石凳基础用 3∶7 灰土材料制成，其四周比支墩放宽 100mm，基础厚 150mm，埋设深度为 450mm。桌面的形状可以设计成方形、圆形或自然形状。桌面面积为 1m² 左右。支墩埋设深度为 300mm。凳面形状可设计成方形、圆形或自然形状。凳面面积为 0.18m。左右。支墩埋设深度为 120mm。

⑤ 塑树根桌凳：指仿树墩及自然石桌凳，它是在桌凳的主体构筑物外围，用钢筋、钢丝网做成树根的骨架，再仿照树根粉以水泥砂浆或麻刀灰。使桌凳富有野趣，配合园林景点装饰。

桌凳直径：塑树根桌凳的桌直径为 $R=350\sim400$mm，凳直径为 $R=150\sim200$mm。

⑥ 塑树节椅指园林中的坐椅用水泥砂浆粉饰出树节外形，以配合园林景点的装饰的节椅。

⑦ 园椅的形式可分为直线和曲线两种。园椅因其体量较小，结构简单。常见的园椅形式如图 4-5、图 4-6 所示。

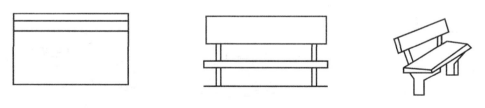

图 4-5 园椅的平面、立面、透视示意图

图 4-6 园椅的各种造型（一）

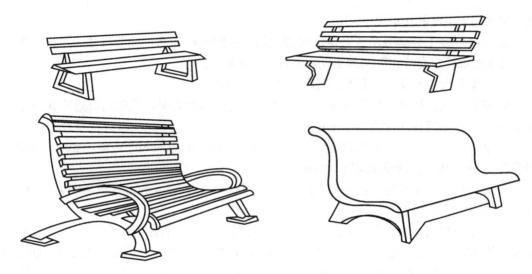

图 4-6 园椅的各种造型（二）

园桌的平面形状一般有方形和圆形两种，在其周围并配有四个平面形状相似的园凳。图 4-7 所示为方形园桌、凳示意图，图 4-8 所示为圆形园桌、凳的平、立面及透视示意图。

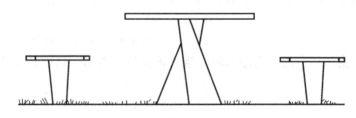

图 4-7 方形园桌、凳的立面示意图

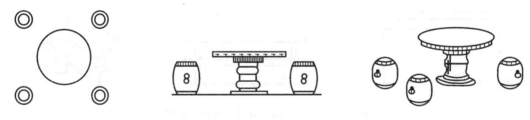

图 4-8 圆形园桌、凳的平、立面及透视示意图

4.1.6 喷泉安装工程量

1. 喷泉管道

（1）计算公式

工程量 = 管线中心线长度＋检查（阀门）井、阀门、管件及附件长度   （m）

（2）工程量计算规则及说明

喷泉管道工程量按设计图示管道中心线长度以延长米计算，不扣除检查（阀门）井、阀门、管件及附件所占的长度。

喷泉是一种独立的艺术品，而且能够增加空间的空气湿度，减少尘埃，大大增加空气中负氧离子的浓度，因而也有益于改善环境，增加人们的身心健康。

2. 喷泉电缆

（1）计算公式

$$工程量 = 单根电缆长度 \quad （m）$$

（2）工程量计算规则

喷泉电缆工程量按设计图示单根电缆长度以延长米计算。

3. 水下艺术装饰灯具

（1）计算公式

$$工程量 = 图示数量 \quad （套）$$

（2）工程量计算规则

水下艺术装饰灯具工程量按设计图示数量计算。

4. 电气控制柜、喷泉设备

（1）计算公式

$$工程量 = 图示数量 \quad （台）$$

（2）工程量计算规则

电气控制柜、喷泉设备工程量按设计图示数量计算。

4.1.7 杂项工程量

1. 石灯、石球、塑仿石音箱

（1）清单工程量

1）计算公式

$$工程量 = 图示数量 \quad （个）$$

2）工程量计算规则

石灯、石球、塑仿石音箱工程量按设计图示数量计算。

（2）定额工程量

1）计算公式

$$工程量 = 石材面积 \times 石材厚度 \quad （m^3）$$

2）工程量计算规则

石灯、石球、塑仿石音箱工程量按设计尺寸以体积计算。

① 园灯一般可分为三类。第一类纯属照明用灯。第二类是在较大面积的庭园、花坛、广场和水池间设置庭园灯来勾画庭园的轮廓。第三类属于观赏性灯，此类庭园灯用于创造某种特定的气氛。

② 塑仿石音箱指用带色水泥砂浆和金属铁件等，仿照石料外形，制作出音箱。既具有使用功能，又具有装饰作用。

2. 塑树皮梁、柱与塑竹梁、柱

（1）计算公式

$$工程量 = 梁柱外表面积 \quad （m^2）$$

或

$$工程量 = 构件长度 \quad （m）$$

（2）工程量计算规则

1）按设计图示尺寸以梁柱外表面积计算，以平方米计量。

2）按设计图示尺寸以构件长度计算，以米计量。

3. 铁艺、塑料栏杆

（1）计算公式

$$工程量 = 图示长度 \quad (m)$$

（2）工程量计算规则及说明

铁艺栏杆、塑料栏杆工程量按设计图示尺寸以长度计算。

栏杆不能简单地以高度来适应管理上的要求，要因地制宜，考虑功能的要求。

1）悬崖峭壁、洞口、陡坡、险滩等处的防护栏杆高度一般为 1.1～1.2m，栏杆格栅的间距要小于 12cm，其构造应粗壮、坚实。

2）花坛、小水池、草坪边以及道路绿化带边缘的装饰性镶边栏杆的高度为 15～30cm，其造型应纤细、轻巧、简洁、大方。

3）台阶、坡地的一般防护栏杆、扶手栏杆的高度常在 90cm 左右。

4）坐凳式栏杆、靠背式栏杆，常与建筑物相结合设于墙柱之间或桥边、池畔等处。既可起围护作用，又可供游人休息使用。

5）用于分隔空间的栏杆要求轻巧空透、装饰性强，其高度视不同环境的需要而定。

4. 钢筋混凝土艺术围栏

（1）计算公式

$$工程量 = 图示面积 \quad (m^2)$$

或

$$工程量 = 图示长度 \quad (m)$$

（2）工程量计算规则

1）按设计图示尺寸以面积计算，以平方米计量。

2）按设计图示尺寸以延长米计算，以米计量。

5. 标志牌

（1）清单工程量

1）计算公式

$$工程量 = 图示数量 \quad (个)$$

2）工程量计算规则

标志牌工程量按设计图示数量计算。

（2）定额工程量

1）计算公式

$$工程量 = 图示面积 \quad (m^2)$$

2）工程量计算规则及说明

标志牌工程量按图示面积计算。

标志牌具有接近群众、占地少、变化多、造价低等特点。除其本身的功能外，还以其优美的造型、灵活的布局装点美化着园林环境。

标志主件的制作材料，为耐久常选用花岗岩类天然石、不锈钢、铝、红杉类坚固耐用木材、瓷砖、丙烯板等。构件的制作材料一般采用混凝土、钢材、砖材等。

6. 花盆（坛、箱）、垃圾箱、其他景观小摆设

（1）计算公式

$$工程量 = 图示数量 \quad （个）$$

（2）工程量计算规则

花盆（坛、箱）、垃圾箱、其他景观小摆设工程量按设计图示数量计算。

7. 景墙

（1）计算公式

$$工程量 = 图示长度 \times 宽度 \times 厚度 \quad （m^3）$$

或

$$工程量 = 图示数量 \quad （段）$$

（2）工程量计算规则

1）按设计图示尺寸以体积计算，以立方米计量。

2）按设计图示数量计算，以段计量。

8. 景窗、花饰

（1）计算公式

$$工程量 = 图示面积 \quad （m^2）$$

或

$$工程量 = 图示长度 \quad （10m）$$

（2）工程量计算规则

1）清单工程量计算规则

景窗、花饰工程量按设计图示尺寸以面积计算。

2）定额工程量计算规则

预制或现制水磨石景窗、平板凳、花檐、角花的工程量均按不同水磨石断面面积、预制或现制，以其长度计算，计量单位为"10m"。

9. 博古架

（1）计算公式

$$工程量 = 图示面积 \quad （m^2）$$

或

$$工程量 = 图示长度 \quad （m）$$

或

$$工程量 = 图示数量 \quad （个）$$

（2）工程量计算规则

1）清单工程量计算规则

① 按设计图示尺寸以面积计算，以平方米计量。

② 按设计图示尺寸以延长米计算，以米计量。

③ 按设计图示数量计算，以个计量。

2）定额工程量计算规则

博古架的工程量均按不同水磨石断面面积、预制或现制，以其长度计算，计量单位

为 "10m"。

10. 摆花

（1）计算公式

$$工程量 = 水平投影面积 \quad (m^2)$$

或

$$工程量 = 图示数量 \quad (个)$$

（2）工程量计算规则

1）按设计图示尺寸以水平投影面积计算，以平方米计量。

2）按设计图示数量计算，以个计量。

11. 花池

（1）计算公式

$$工程量 = 图示长度 \times 宽度 \times 高度 \quad (m^3)$$

或

$$工程量 = 池壁中心线长度 \quad (m)$$

或

$$工程量 = 图示数量 \quad (个)$$

（2）工程量计算规则

1）按设计图示尺寸以体积计算，以立方米计量。

2）按设计图示尺寸以池壁中心线处延长米计算，以米计量。

3）按设计图示数量计算，以个计量。

12. 砖石砌小摆设

（1）计算公式

$$工程量 = 图示体积 \quad (m^3)$$

或

$$工程量 = 图示数量 \quad (个)$$

（2）工程量计算规则

1）按设计图示尺寸以体积计算，以立方米计量。

2）按设计图示数量计算，以个计量。

3）砖石砌小摆设是指用砖石材料砌筑各种仿匾额、花瓶、花盆、石鼓、坐凳及小型水盆、花坛池、花架的制作。

制作砖石砌小摆设的石材一般包括砖、石、石料等，其种类如下：

① 按原料来源不同分为黏土砖和非黏土砖。

② 按烧成与否可分为烧结砖和非烧结砖。

③ 按制坯方法不同可分为机制砖和手工砖。

④ 按砖型不同可分为普通砖、空心砖、异型砖等若干类。

⑤ 按外观色彩不同可分为红砖、青砖、白砖等若干类。

13. 柔性水池

（1）计算公式

$$工程量 = 水平投影面积 \quad (m^2)$$

（2）工程量计算规则

柔性水池工程量按设计图示尺寸以水平投影面积计算。

14. 水磨木纹板

（1）计算公式

$$工程量 = 木纹板面积 \quad (m^2/10m^2)$$

（2）工程量计算规则

水磨木纹板的工程量按不同水磨程度，以其面积计算。制作工程量计量单位为"m^2"，安装工程量计量单位为"$10m^2$"。

4.2 园林景观工程工程量手算实例解析

【例 4-1】 公园内有一堆砌石假山，山石材料为黄石，山高 3.5m，假山平面轮廓的水平投影外接矩形长 8m，宽 4.6m，投影面积为 $32m^2$。石间空隙处填土配制有小灌木（法国冬青，根盘直径 25cm，养护期 3 年），如图 4-9 所示。试求其清单工程量。

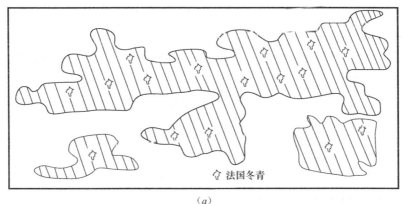

（a）

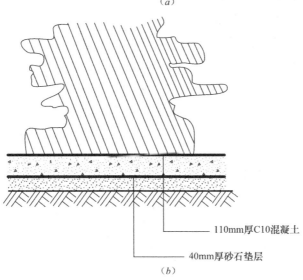

———110mm厚C10混凝土

———40mm厚砂石垫层

（b）

图 4-9 假山水平投影图、剖面图

（a）假山水平投影图；（b）假立剖面图

【解】

（1）堆砌石假山

石料重量：

$$W = AHRK_n$$
$$= 32 \times 3.5 \times 2.6 \times 0.54$$
$$= 157.25t$$

（2）栽植灌木

法国冬青　15株

清单工程量计算见表4-3。

清单工程量计算表　　　　　　　　　　　　　　　　　表4-3

序 号	项目编码	项目名称	项目特征描述	工程量合计	计量单位
1	050301002001	堆砌石假山	1. 假山高度：3.5m 2. 骨架材料种类：黄石	157.25	t
2	050102002001	栽植灌木	1. 种类：法国冬青 2. 根盘直径：25cm 3. 养护期：3年	15	株

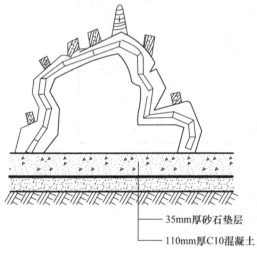

图4-10　人工塑假山剖面图

1—白果笋；2—点风景石

—35mm厚砂石垫层

—110mm厚C10混凝土

【例4-2】 有一人工塑假山如图4-10所示，采用钢骨架，山高9m占地28m²，假山山皮料为小块英德石，每块高2m，宽1.5m共60块，需要人工运送60m，试求其清单工程量。（白果笋高2m；嵩山画石景石2×1×1.4m）

【解】

（1）塑假山

假山面积：28m²

（2）石笋

白果笋：1支

（3）点风景石

景石：6块

清单工程量计算见表4-4。

清单工程量计算表　　　　　　　　　　　　　　　　　表4-4

序 号	项目编码	项目名称	项目特征描述	工程量合计	计量单位
1	050301003001	塑假山	1. 假山高度：9.5m 2. 骨架材料：钢骨架 3. 山皮料种类：小块英德石	28	m²
2	050301004001	石笋	1. 石笋高度：2m 2. 石笋材料种类：白果笋	1	支
3	050301005001	点风景石	1. 石料种类：嵩山画石 2. 石料规格：2×1×1.4m	6	块

【例 4-3】 现有一单体景石，其平面和断面示意图如图 4-11 所示，已知景石 $L_{均}$＝2300mm；$B_{均}$＝1900mm；$H_{均}$＝1600mm，试根据已知条件求其工程量。

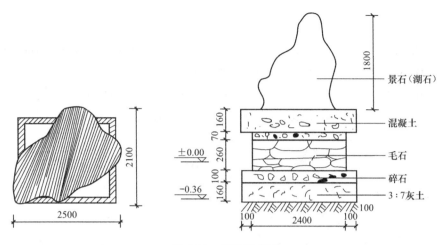

图 4-11 景石示意图

(a) 平面示意图；(b) 断面示意图

【解】

(1) 清单工程量

1块（按设计图示数量计算）。

(2) 定额工程量

1) 平整场地（按底面积乘以系数 2 计算）

$$S = 2.5 \times 2.1 \times 2$$
$$= 10.5 \text{m}^2$$

套用定额 1-1。

2) 挖土方

$$V = 2.5 \times 2.1 \times 0.36$$
$$= 1.89 \text{m}^3$$

3) 素土夯实

$$V = 2.5 \times 2.1 \times 0.1$$
$$= 0.53 \text{m}^3$$

4) 3：7 灰土层

$$V = 2.5 \times 2.1 \times 0.16$$
$$= 0.84 \text{m}^3$$

5) 碎石层

$$V = 2.5 \times 2.1 \times 0.1$$
$$= 0.53 \text{m}^3$$

6) 毛石

$$V = 2.5 \times 2.1 \times 0.26$$
$$= 1.26 \text{m}^3$$

7）景石（湖石）

$$W_单 = L \cdot B \cdot H \cdot R$$
$$= 2.3 \times 1.9 \times 1.6 \times 2.2$$
$$= 15.38t = 1.538(10t)$$

【例 4-4】 如图 4-12 所示，有一带土假山，为了保护山体而在假山的拐角处设置山石护角，每块石长 1m，宽 0.6m，高 0.7m。假山中修有山石台阶，每个台阶长 0.6m，宽 0.4m，高 0.15m，共 14 级，台阶为 C10 混凝土结构，表面是水泥抹面，C10 混凝土厚 120mm，1：3：6 三合土垫层厚 80mm，素土夯实，所有山石材料均为黄石。试求其清单工程量。

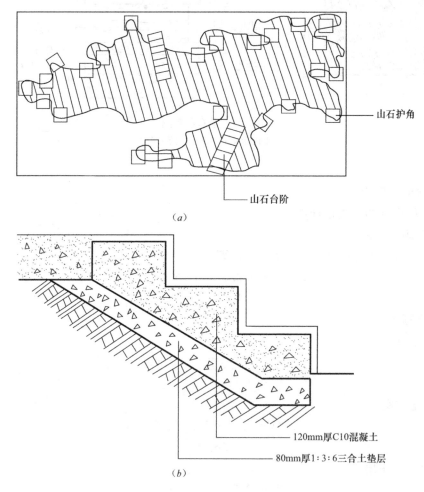

（a）

（b）

图 4-12　假山示意图

（a）假山平面图；（b）台阶剖面图

【解】

（1）1 块山石护角工程量

$$V = 长 \times 宽 \times 高$$
$$= 1 \times 0.6 \times 0.7$$
$$= 0.42m^3$$

（2）石台阶工程量

$$S= 长×宽×台阶数$$
$$= 0.6×0.4×14$$
$$= 3.36m^2$$

清单工程量计算见表 4-5。

清单工程量计算表　　　　　表 4-5

序　号	项目编码	项目名称	项目特征描述	工程量合计	计量单位
1	050301007001	山（卵）石护角	石料种类、规格：黄石，石长 1m、宽 0.6m、高 0.7m	0.42	m³
2	050301008001	山坡（卵）石台阶	1. 石料种类、规格：黄石，台阶长 0.6m、宽 0.4m、高 0.15m 2. 砂浆强度等级：C10 混凝土	3.36	m²

【例 4-5】　如图 4-13 所示为某园林建筑立柱示意图，柱子的材料选用原木构造，已知柱子直径为 180mm，该建筑有这样的柱子 12 根，试求其清单工程量。

【解】

（1）原木柱子长

$$L= 2.8+0.2$$
$$= 3.00m$$

（2）清单工程量

$$L= 3×12$$
$$= 36.00m$$

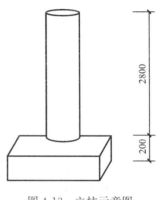

图 4-13　立柱示意图

清单工程量计算见表 4-6。

清单工程量计算表　　　　　表 4-6

序号	项目编码	项目名称	项目特征描述	工程量单位	计量单位
1	050302001001	原木（带树皮）柱、梁、檩、椽	原木梢径：180mm	36.00	m

【例 4-6】　现有一竹制的小屋，结构造型如图 4-14 所示，小屋尺寸为 6×4×2.5m，竹梁竹子 $d=12cm$，竹檩条竹子 $d=8cm$，竹椽竹子 $d=5cm$（48 根），竹编墙竹子 $d=$

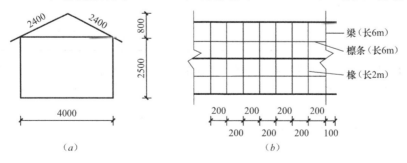

图 4-14　屋子构造示意图

（a）立面图；（b）平面图

1cm，采用竹框墙龙骨，竹屋面竹子 $d=1.5$cm，试求其清单工程量（该屋子有一高1.8m，宽1.2m的门）。

【解】

（1）竹柱、梁、檩、椽

1）横梁工程量

$$L_{横}=6\times3$$
$$=18.00\text{m}$$

2）斜梁工程量

$$L_{斜}=2.4\times4$$
$$=9.6\text{m}$$

3）竹椽工程量

$$L=2\times48$$
$$=96.00\text{m}$$

4）檩条工程量

$$L=6\times2$$
$$=12.00\text{m}$$

（2）竹编墙

已知该竹编墙采用直径为1cm的竹子编制，采用竹框作为墙龙骨。

$$S=(6\times2.5-1.8\times1.2)+6\times2.5+4\times2.5\times2$$
$$=47.84\text{m}^2$$

（3）竹屋面

已知该屋子顶层用直径为15mm的竹子铺设而成，其斜面长×宽为6×2.4。

$$S=6\times2.4\times2$$
$$=28.8\text{m}^2$$

清单工程量计算见表4-7。

清单工程量计算表 表4-7

序　号	项目编码	项目名称	项目特征描述	工程量合计	计量单位
1	050302004001	竹梁	竹直径：12cm	27.60	m
2	050302004002	竹椽	竹直径：5cm	96.00	m
3	050302004003	竹檩	竹直径：8cm	12.00	m
4	050302005001	竹编墙	墙龙骨材料种类：竹框墙龙骨	47.84	m²
5	050303002001	竹屋面	竹材种类：直径为15mm的竹子	28.8	m²

【例4-7】　某以桂竹为原料制作的亭子，结构布置如图4-15所示。亭子为直径3m的圆形，由8根直径8cm的竹子作柱子，6根直径为10cm的竹子作梁，6根直径为6cm、长1.6m的竹子作檩条，68根长1.2m、直径为4cm的竹子作椽，并在檐枋下倒挂着竹子做的斜万字纹的竹吊挂楣子，宽11cm，试求其清单工程量。

【解】

（1）竹柱、梁、檩、椽

已知亭子的竹柱子高2m，竹梁长1.8m，竹檩条长1.6m，竹椽长1.2m。

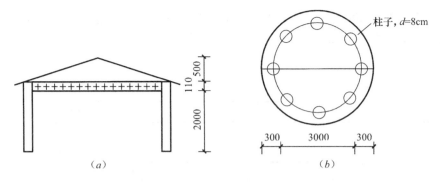

图 4-15 亭子构造示意图

(a) 立面图；(b) 平面图

1）竹柱子工程量

$$L = 2 \times 8$$
$$= 16.00\text{m}$$

2）竹梁工程量

$$L = 1.8 \times 6$$
$$= 10.8\text{m}$$

3）竹檩条工程量

$$L = 1.6 \times 6$$
$$= 9.6\text{m}$$

4）竹椽工程量

$$L = 1.2 \times 68$$
$$= 81.6\text{m}$$

（2）竹吊挂楣子工程量

$$S = 亭子的周长 \times 竹吊挂楣子宽度$$
$$= 3.14 \times 3 \times 0.11$$
$$= 1.04\text{m}^2$$

清单工程量计算见表 4-8。

清单工程量计算表 表 4-8

序 号	项目编码	项目名称	项目特征描述	工程量合计	计量单位
1	050302004001	竹柱	1. 竹种类：桂竹 2. 竹直径：9cm	16.00	m
2	050302004002	竹梁	1. 竹种类：桂竹 2. 竹直径：10cm	10.80	m
3	050302004003	竹檩	1. 竹种类：桂竹 2. 竹直径：6cm	9.60	m
4	050302004004	竹椽	1. 竹种类：桂竹 2. 竹直径：4cm	81.60	m
5	050302006001	竹吊挂楣子	1. 竹种类：桂竹 2. 竹梢径：2cm	1.04	m²

【例 4-8】 某公园准备建一葡萄架子，如图 4-16 所示，试根据图中已知条件求该混凝土葡萄花架柱、梁的工程量。

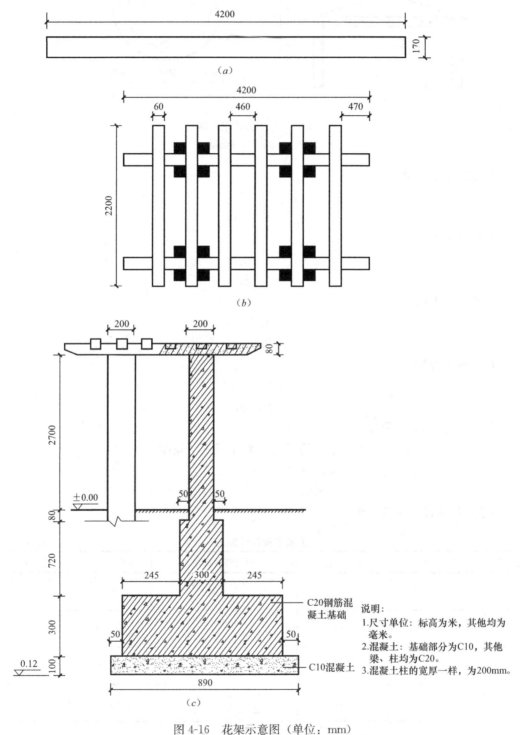

图 4-16 花架示意图（单位：mm）

(a) 梁平面图；(b) 花架平面图；(c) 花架立面、剖面图

说明：
1. 尺寸单位：标高为米，其他均为毫米。
2. 混凝土：基础部分为 C10，其他梁、柱均为 C20。
3. 混凝土柱的宽厚一样，为 200mm。

110

【解】

（1）清单工程量

1）混凝土柱架

V ＝长×宽×厚×数量

＝[(2.7＋0.08)×0.2×0.2＋0.72×(0.2＋0.1)×(0.2＋0.1)]×4

＝0.70m^3

2）混凝土梁

$$V＝长×宽×厚×数量$$

$$＝4.2×0.17×0.08×2$$

$$＝0.11m^3$$

清单工程量计算见表 4-9。

清单工程量计算表　　　　　　　　　　　　　　表 4-9

序号	项目编码	项目名称	项目特征描述	工程量合计	计量单位
1	050304002001	预制混凝土花架柱、梁	1. 柱截面、高度、根数：柱截面 200mm×200mm，柱高 2.7m，共 4 根 2. 混凝土强度等级：C20	0.70	m^3
2	050304002002	预制混凝土花架柱、梁	1. 梁柱截面、高度、根数：梁截面 170mm×80mm，梁长 4.2m，共 2 根 2. 混凝土强度等级：C20	0.11	m^3

（2）定额工程量同清单工程量

【**例 4-9**】　某公园花架用现浇混凝土花架柱、梁搭接而成，已知花架总长度为 11.2m，宽 2.5m，花架柱、梁具体尺寸、布置形式如图 4-17 所示，试根据已知条件求其清单工程量。

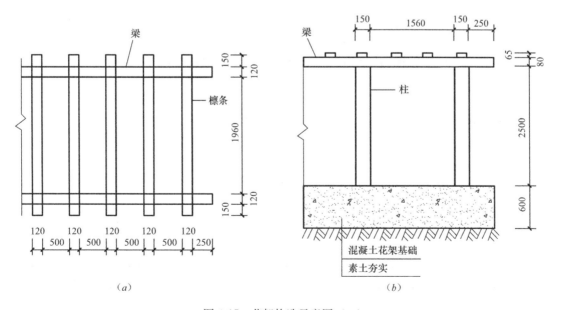

图 4-17　花架构造示意图（一）

（a）平面图；（b）剖面图

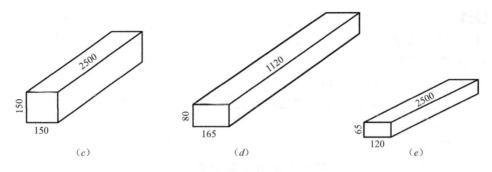

图 4-17　花架构造示意图（二）

(c) 柱尺寸示意图；(d) 纵梁尺寸示意图；(e) 小檩条尺寸示意图

【解】

(1) 现浇混凝土花架柱的工程量

1) 首先根据已知条件及图示计算出花架一侧的柱子数目，设为 x，则有如下关系式：

$$0.25 \times 2 + 0.15x + 1.56(x-1) = 11.2$$

$$x = 7$$

可得出整个花架共有 7×2 根＝14 根柱子。

2) 现浇混凝土花架柱工程量

$$S = 柱子底面积 \times 高 \times 14 \ 根$$

$$= 0.15 \times 0.15 \times 2.5 \times 14$$

$$= 0.79 \mathrm{m}^3$$

(2) 现浇混凝土花架梁的工程量

1) 花架纵梁的工程量

$$S = 纵梁断面面积 \times 长度 \times 2 \ 根$$

$$= 0.165 \times 0.08 \times 11.2 \times 2$$

$$= 0.30 \mathrm{m}^3$$

2) 关于花架檩条先根据已知条件及图示计算出它的数目，设为 y，则有如下关系式：

$$0.25 \times 2 + 0.12y + 0.5(y-1) = 11.2$$

$$y = 18$$

则共有 18 根檩条。

3) 檩条工程量

$$S = 檩条断面面积 \times 长度 \times 18 \ 根$$

$$= 0.12 \times 0.065 \times 2.5 \times 18$$

$$= 0.35 \mathrm{m}^3$$

清单工程量计算见表 4-10。

清单工程量计算表　　　　　　　　　　　　　　　表 4-10

序号	项目编码	项目名称	项目特征描述	工程量合计	计量单位
1	050304001001	现浇混凝土花架柱	1. 柱截面、高度、根数：柱截面 150mm×150mm，柱高 2.5m，共 14 根 2. 混凝土强度等级：C20	0.79	m³

序号	项目编码	项目名称	项目特征描述	工程量合计	计量单位
2	050304001002	现浇混凝土花架梁	1. 梁截面、高度、根数：纵梁截面 160mm×80mm，梁长 11.2m，共 2 根 2. 混凝土强度等级：C20	0.30	m³
3	050304001003	现浇混凝土花架梁	1. 檩条截面、高度、根数：檩条截面 120mm×65mm，檩条长 2.5m，共 18 根 2. 混凝土强度等级：C20	0.35	m³

【例 4-10】 某游乐园有一座用碳素结构钢所建的拱形花架，长度为 9.68m，如图 4-18 所示。所用钢材截面均为 80mm×100mm，已知钢材为空心钢 0.05t/m³，分别刷红丹防锈漆 2 遍。花架采用 50cm 厚的混凝土作基础，试根据已知条件计算其工程量。

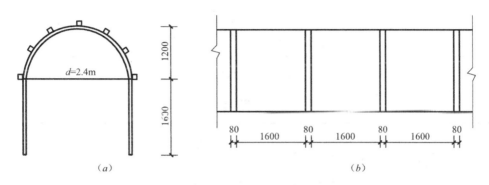

图 4-18 某游乐园花架构造示意图
(a) 立面图；(b) 平面图

【解】

（1）清单工程量

金属花架柱、梁应按设计图示以质量计算。

1）花架所用碳素结构钢柱子

设根数为 x，则根据已知条件得

$$0.08x + 1.6(x-1) = 9.68$$
$$x = 8$$

① 柱子的体积

$$V = \{0.08 \times 0.1 \times 1.6 \times 2 + [3.14 \times 1.2^2 - 3.14 \times (1.2 - 0.1)^2]\} \times 5$$
$$- (0.0256 + 0.7266) \times 8$$
$$= 6.02 \text{m}^3$$

② 花架金属柱工程量

$$V = 柱子体积 \times 0.05$$
$$= 6.02 \times 0.05$$
$$= 0.301\text{t}$$

2）花架所用碳素结构钢梁工程量

① 梁的体积

$$V = 钢梁的截面面积 \times 梁的长度 \times 根数$$

$$= 0.08 \times 0.1 \times 9.68 \times 7$$
$$= 0.54 \text{m}^3$$

② 花架金属梁的工程量

$$V = \text{梁的体积} \times 0.05$$
$$= 0.54 \times 0.05$$
$$= 0.027\text{t}$$

清单工程量计算见表 4-11。

清单工程量计算表   表 4-11

序号	项目编码	项目名称	项目特征描述	工程量合计	计量单位
1	050304003001	金属花架柱	1. 钢材品种：碳素结构钢空心钢 2. 柱截面：截面尺寸为 80mm×100mm 3. 油漆品种、刷漆遍数：刷红丹防锈漆，2 遍	0.301	t
2	050304003002	金属花架梁	1. 钢材品种：碳素结构钢空心钢 2. 梁截面：截面尺寸为 80mm×100mm 3. 油漆品种、刷漆遍数：刷红丹防锈漆，2 遍	0.027	t

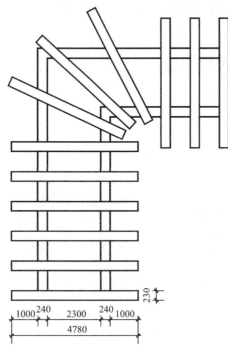

图 4-19 某花架局部平面示意图

（2）定额工程量

1）钢制花架柱的工程量：0.301t

套用定额 4-28。

2）钢制花架梁的工程量：0.027t

套用定额 4-29。

3）混凝土基础

$$V = \text{花架底面积} \times \text{混凝土基础的厚度}$$
$$= 9.68 \times 2.4 \times 0.5$$
$$= 11.62\text{m}^3$$

套用定额 4-12。

【例 4-11】 图 4-19 为某樟子松木花架局部平面示意图，用刷喷涂料刷于各檩上，檩厚均为 180mm，请根据已知条件计算清单工程量。

【解】

木花架柱、梁工程量

$$S = 0.23 \times 0.18 \times 4.78 \times 12$$
$$= 2.37\text{m}^3$$

清单工程量计算表见表 4-12。

清单工程量计算表   表 4-12

序 号	项目编码	项目名称	项目特征描述	工程量合计	计量单位
1	050304004001	木花架柱、梁	1. 木材种类：樟子松 2. 柱、梁截面：230mm×240mm	2.37	m³

【例 4-12】 某树下放置有钢筋混凝土飞来椅如图 4-20 所示，飞来椅围树布置成一圆形，共 6 个，大小相等。面板尺寸 1.4×0.5×0.07m，靠背尺寸 1.4×0.6×0.12m，靠背与座面板用水泥砂浆找平，座凳下为 90mm 厚块石垫层，素土夯实，试根据已知条件计算其工程量。

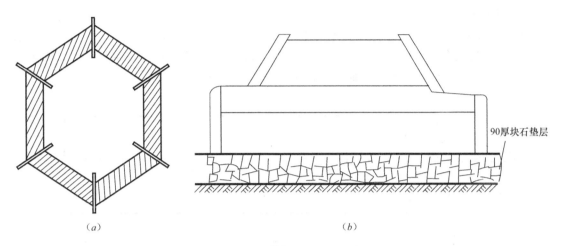

(a)   (b)

图 4-20　钢筋混凝土飞来椅示意图

(a) 平面图；(b) 立面断面结构图

【解】

（1）清单工程量

$$L-1.4\times6$$
$$=8.40(m)$$

清单工程量计算见表 4-13。

清单工程量计算表　　　　　　　　　　　　　　　表 4-13

序号	项目编码	项目名称	项目特征描述	工程量合计	计量单位
1	050305001001	预制钢筋混凝土飞来椅	1. 座凳面厚度、宽度：面板尺寸 1.4×0.5×0.07m 2. 靠背截面：靠背尺寸 1.4×0.6×0.12m 3. 混凝土强度等级：C20	8.40	m

（2）定额工程量

1）座凳贴青石板面积

$$S=1.4\times0.5\times6$$
$$=4.2m^2$$
$$=0.42(10m^2)$$

套用定额 8-24。

2）水泥砂浆找平层

$$S=(1.4\times0.5+1.4\times0.6)\times6$$
$$=9.24m^2$$

115

套用定额 8-38。

3）90mm 厚块石垫层

$$S = 1.4 \times 0.5 \times 0.09 \times 6$$
$$= 0.38 \text{m}^2$$

套用定额 2-8。

【例 4-13】 某景区有竹制（小叶龙竹）的飞来椅供游人休息，如图 4-21 所示。该景区竹制座凳为双人座凳长 1.3m，宽 40cm，座椅表面进行油漆涂抹防止木材腐烂，为了使人们坐得舒适，座面有 6°的水平倾角，试求其清单工程量。

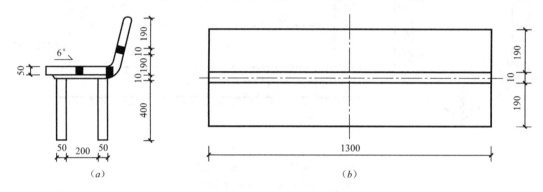

图 4-21　竹制飞来椅构造示意图
（a）立面图；（b）平面图

【解】

竹制飞来椅工程量：1.30m

清单工程量计算见表 4-14。

清单工程量计算表 表 4-14

序号	项目编码	项目名称	项目特征描述	工程量合计	计量单位
1	050305003001	竹制飞来椅	1. 竹材种类：小叶龙竹 2. 座凳面厚度、宽度：厚度 5cm，宽 40cm	1.30	m

【例 4-14】 某公园中的小石凳，如图 4-22 所示，已知凳面长 1900mm，凳面宽 600mm，试根据图中已知条件，求其工程量（三类土）。

【解】

（1）平整场地

由于座凳有两条腿，因此整理场地不用全部平整，只做基础。

$$S = 0.24 \times 0.6 \times 2$$
$$= 0.29 \text{m}^2$$

（2）3：7 灰土垫层

$$V = 0.24 \times 0.6 \times 2 \times 0.03$$
$$= 0.01 \text{m}^3$$

（3）混凝土基础

$$V = (V_1 + V_2) \times 2$$

$$= (0.24 \times 0.1 \times 0.6 + 0.15 \times 0.4 \times 0.1) \times 2$$
$$= (0.0144 + 0.006) \times 2$$
$$= 0.04 m^3$$

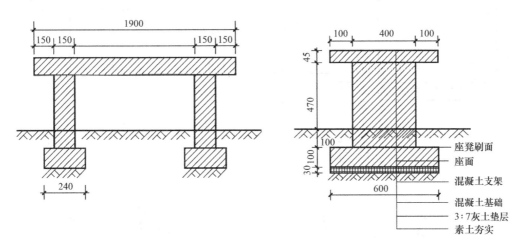

图 4-22 小石凳示意图

（4）混凝土支架

$$V = 0.15 \times 0.47 \times 0.4 \times 2$$
$$= 0.06 m^3$$

（5）座面

$$V = (0.4 + 0.1 \times 2) \times 0.045 \times 1.9$$
$$= 0.051 m^3$$

清单工程量计算见表 4-15。

清单工程量计算表 　　　　　　　　　　　　　　　　　　　　表 4-15

序　号	项目编码	项目名称	项目特征描述	工程量合计	计量单位
1	010101001001	平整场地	土壤类别：三类土	0.29	m²
2	010501001001	垫层	1. 混凝土种类：现浇混凝土 2. 混凝土强度等级：C20	0.01	m²
3	050305006001	石桌石凳	1. 石材种类：花岗石 2. 凳面尺寸：1900mm×600mm×45mm 3. 混凝土强度等级：C20	1	个

【例 4-15】　某户人家在自家院子里打了一副石桌石凳，如图 4-23 所示，石桌和石凳的数据都已经在图中显示出来了，现在请根据图中已知条件，求其工程量。

【解】

（1）清单工程量

1）石桌 1 个

2）石凳 4 个

117

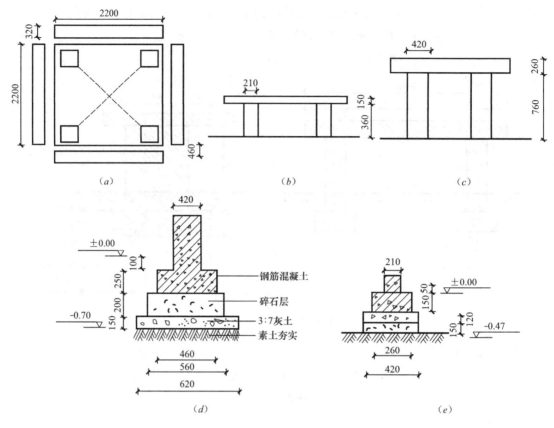

图 4-23 石桌、石凳示意图

(a) 桌凳平面图；(b) 石凳立面图；(c) 石桌立面图；(d) 桌腿基础剖面图；(e) 凳腿基础剖面图

（2）定额工程量

1）整理场地

$$S = (0.32 \times 2 + 0.46 \times 2 + 2.2)^2$$
$$= 14.14 \text{m}^2$$

2）挖土方（包括桌腿和凳腿）

① 桌腿：

$$0.62 \times 0.62 \times 0.7 \times 4 = 1.08 \text{m}^3$$

② 凳腿：

$$0.42 \times 0.42 \times 0.47 \times 8$$
$$= 0.66 \text{m}^3$$

3）素土夯实（包括桌腿和凳腿）

① $0.62 \times 0.62 \times 0.15 \times 4 = 0.23 \text{m}^3$

② $0.42 \times 0.42 \times 0.15 \times 8 = 0.21 \text{m}^3$

4）桌腿

① 3：7灰土层

$$V = 0.62 \times 0.62 \times 0.15 \times 4$$
$$= 0.23 \text{m}^3$$

118

② 碎石层

$$V = 0.56 \times 0.56 \times 0.2 \times 4$$
$$= 0.25\text{m}^3$$

③ 钢筋混凝土

$$V = 0.46 \times 0.46 \times 0.25 \times 4 + 0.42 \times 0.42 \times (0.76 + 0.1) \times 4$$
$$= 0.82\text{m}^3$$

5）桌面

$$V = 2.2 \times 2.2 \times 0.26$$
$$= 1.26\text{m}^3$$

6）凳腿

① 3：7 灰土层

$$V = 0.42 \times 0.42 \times 0.15 \times 8$$
$$= 0.21\text{m}^3$$

② 碎石层

$$V = 0.42 \times 0.42 \times 0.12 \times 8$$
$$= 0.17\text{m}^3$$

③ 钢筋混凝土

$$V = 0.26 \times 0.26 \times 0.15 \times 8 + 0.21 \times 0.21 \times (0.36 + 0.05) \times 8$$
$$= 0.23\text{m}^3$$

7）凳面

$$V = 2.2 \times 0.15 \times 0.32 \times 4$$
$$= 0.42\text{m}^3$$

【例 4-16】 园林建筑小品、塑树根桌凳如图 4-24 所示，请根据图中已知条件计算其清单工程量（桌凳直径为 0.8m）。

图 4-24 塑树根桌凳示意图

【解】

树根凳子 4 个。

清单工程量计算表见表 4-16。

清单工程量计算表 表 4-16

序 号	项目编码	项目名称	项目特征描述	工程量合计	计量单位
1	050305008001	塑树根桌凳	桌凳直径：0.8m	4	个

【例 4-17】 某公园花坛旁边放有塑松树皮节椅（图 4-25）供游人休息，椅子高 0.5m，直径为 0.6m，椅子内用砖石砌筑，砌筑后先用水泥砂浆找平，再在外表用水泥砂浆粉饰出松树皮节外形。试计算其工程量。

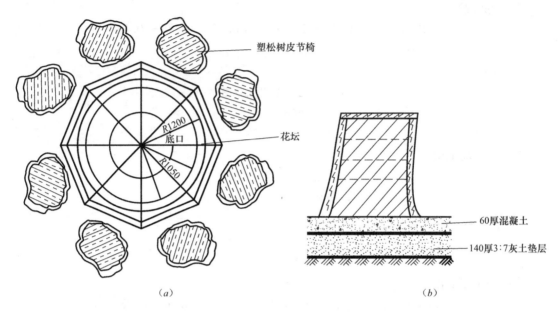

（a）

（b）

图 4-25　塑松树皮节椅示意图

（a）平面图；（b）剖面图

【解】

（1）清单工程量

塑树节椅：8 个

清单工程量计算见表 4-17。

清单工程量计算表　　　　　　　　　　　　　　　　　　　　　　表 4-17

序号	项目编码	项目名称	项目特征描述	工程量合计	计量单位
1	050305009001	塑树节椅	1. 椅子直径：0.6m 2. 椅子高度：0.5m 3. 砂浆配合比：1：3 水泥砂浆	8	个

（2）定额工程量

1）砖砌塑树节椅体积

$$V = \pi r^2 H \times 个数$$
$$= 3.14 \times (0.6/2)^2 \times 0.5 \times 8$$
$$= 1.13 \text{m}^3$$

套用定额 4-24。

2）椅子表面抹水泥面积

$$S = (\pi r^2 + 2\pi r H) \times 个数$$

$$= [3.14 \times (0.6/2)^2 + 3.14 \times 0.6 \times 0.5] \times 8$$
$$= 9.80 m^2$$

套用定额 8-6。

3）水泥砂浆找平层面积

$$S = \pi r^2 \times 个数$$
$$= 3.14 \times (0.6/2)^2 \times 8$$
$$= 2.26 m^2$$

套用定额 8-38。

4）椅子表面塑松树皮面积

$$S = \pi r^2 \times 个数$$
$$= 3.14 \times (0.6/2)^2 \times 8$$
$$= 2.26 m^2$$

套用定额 8-16。

5）60mm 厚混凝土体积

$$V = \pi r^2 H \times 个数$$
$$= 3.14 \times (0.6/2)^2 \times 0.06 \times 8$$
$$= 0.14 m^3$$

套用定额 2-5。

6）150mm 厚 3:7 灰土体积

$$V = \pi r^2 H \times 个数$$
$$= 3.14 \times (0.6/2)^2 \times 0.14 \times 8$$
$$= 0.32 m^3$$

套用定额 2-1。

【例 4-18】 某圆形喷水池如图 4-26 所示，池底装有照明灯和喷泉管道，喷泉管道每根长 11m。喷水池总高为 1.5m，埋地下 0.5m，露出地面 1m，喷水池半径为 6m，用砖砌石壁，池壁宽 0.4m，外面用水泥砂浆抹平，池底为现场搅拌混凝土池底，池底厚 30cm。池底从上往下依次为防水砂浆，二毡三油沥青卷材防水层，150mm 厚素混凝土，120mm 厚混合料垫层，素土夯实。试计算其清单工程量。

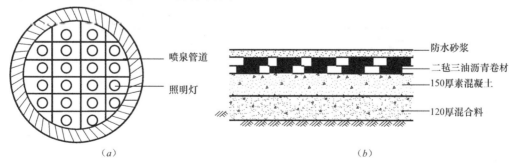

图 4-26　圆形喷水池内部示意图
(a) 圆形喷水池平面图；(b) 池底剖面图

【解】

(1) 管道长度

$$L = 8 \times 11$$
$$= 88.00m$$

(2) 水下照明灯

20 套。

清单工程量计算见表 4-18。

清单工程量计量表   表 4-18

序　号	项目编码	项目名称	项目特征描述	工程量合计	计量单位
1	050306001001	喷泉管道	喷泉管道每根长：11m	88.00	m
2	050306003001	水下艺术装饰灯具	水下照明灯：20 套	20	套

【例 4-19】 某景区草坪上零星点缀以青白石为材料制安的石灯共有 40 个，石灯构造如图 4-27 所示，所用灯具均为 85W 普通白炽灯，混合料基础宽度比须弥座四周延长 150mm，试根据图中所提供的已知量，计算其工程量。

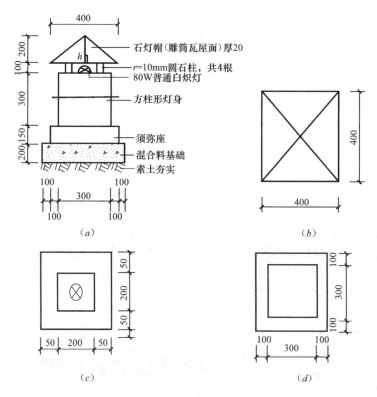

图 4-27　石灯示意图

(*a*) 石灯剖面构造图；(*b*) 石灯帽平面构造图；(*c*) 方柱形灯身平面构造图；(*d*) 须弥座平面构造图

【解】

(1) 清单工程量

已知该景区共有 40 个青白石为材料制安的石灯。

清单工程量计算见表 4-19。

序　号	项目编码	项目名称	项目特征描述	工程量合计	计量单位
1	050307001001	石灯	青白石石灯构造如图 4-27 所示	40	个

（2）定额工程量

1）石灯帽制安工程量

$$V = 石灯帽用石材面积 \times 石材厚度 \times 4 \times 40$$
$$= \frac{1}{2} \times 0.4 \times 0.28 \times 0.02 \times 4 \times 40$$
$$= 0.22 m^3$$

套用定额 4-36、4-60。

2）方柱形灯身制安工程量

$$V = 0.3 \times 0.3 \times 0.3$$
$$= 0.027 m^3$$
$$V_总 = 0.027 \times 40$$
$$= 1.08 m^3$$

套用定额 4-54、4-74。

3）须弥座制安工程量

① 须弥座占地面积：

$$S = 0.5 \times 0.5$$
$$= 0.25 m^2$$
$$S_总 = 0.25 \times 40$$
$$= 10 m^2$$

② 须弥座所用石材：

$$V = 0.25 \times 0.15$$
$$= 0.0375 m^3$$
$$V_总 = 0.0375 \times 40$$
$$= 1.5 m^3$$

套用定额 4-57、4-77。

4）混合料基础工程量

$$V = 0.7 \times 0.7 \times 0.2$$
$$= 0.098 m^3$$
$$V_总 = 0.098 \times 40$$
$$= 3.92 m^3$$

套用定额 2-6。

【例 4-20】 某庭园内有一长方形花架供人们休息观赏，如图 4-28 所示。花架柱埋入地下 0.5m，所挖坑的长、宽都比柱的截面的长、宽各多出 0.1m，柱下为 25mm 厚 1：3 白灰砂浆，150mm 厚 3：7 灰土，200mm 厚砂垫层，素土夯实。试求其清单工程量。

已知花架柱：2600×600×400mm；

横梁：1800×300×300mm；

纵梁：16000×300×300mm。

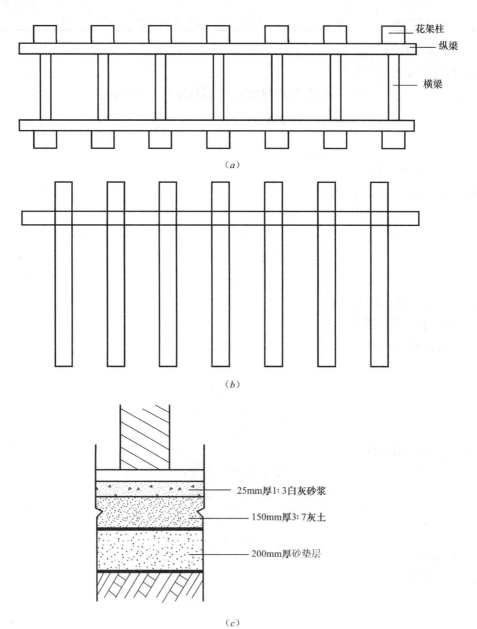

图 4-28 花架示意图

(a) 平面图；(b) 立面图；(c) 垫层剖面图

【解】

1）塑树皮柱

$$L = 2.6 \times 14 = 36.4\text{m}$$

2）塑树皮梁

$$L = L_{横梁} + L_{纵梁} = 1.8 \times 7 + 16 \times 2$$
$$= 44.6m$$

清单工程量计算表见表4-20。

清单工程量计算表　　　　　　　　　　　　　　　　　表4-20

序号	项目编码	项目名称	项目特征描述	工程量合计	计量单位
1	050307004001	塑树皮柱	1. 花架柱高：2.5m 2. 截面：长0.6m，宽0.4m	35.00	m
2	050307004002	塑树皮梁	1. 花架梁长：横梁每根长1.8m，纵梁长16m 2. 截面：横梁长0.3m，宽0.3m；纵梁0.3m，宽0.3m	42.60	m

【例 4-21】 园林小品—标志牌 如图4-29所示，数量为12个，试根据图中已知量求其工程量。

【解】

（1）清单工程量

标志牌：12个

（2）定额工程量

$$S = 长 \times 宽 \times 数量$$
$$= 0.75 \times 0.2 \times 12$$
$$= 1.8m^2$$

图4-29 标志牌（单位：mm）

【例 4-22】 如图4-30所示，为一园林景墙局部，求挖地槽工程量、平整场地、C10混凝土基础、砌景墙的定额工程量。

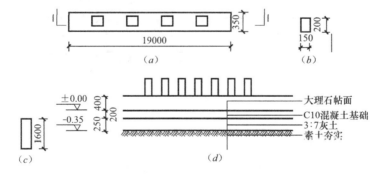

图4-30 景墙局部示意图

（a）平面图；（b）景墙石柱平面图；（c）景墙石柱立面图；（d）景墙1-1剖面图

【解】

（1）挖地槽工程量

$$V = 长 \times 宽 \times 开挖高$$
$$= 19 \times 0.35 \times 0.45$$
$$= 2.99m^3$$

（2）平整场地（每边各加 2m 计算）

$$S = （长＋4）×（宽＋4）$$
$$= （19＋4）×（0.35＋4）$$
$$= 100.05m^2$$

（3）C10 混凝土基础垫层工程量

$$V = 长×垫层断面$$
$$= 19×0.20×0.35$$
$$= 1.33m^3$$

（4）砌景墙

$$V = V_{底部} ＋ V_{石柱}$$
$$= 19×0.4×0.35＋0.15×0.2×1.6×7$$
$$= 3.00m^3$$

【例 4-23】 某街头绿地中有三面一模一样的景墙，如图 4-31 所示，池底从上往下依次为 150mm 厚 C10 混凝土，300mm 厚原砂垫层，素土夯实。试根据已知条件计算景墙的工程量（已知景墙墙厚 300mm，压顶宽 350mm）。

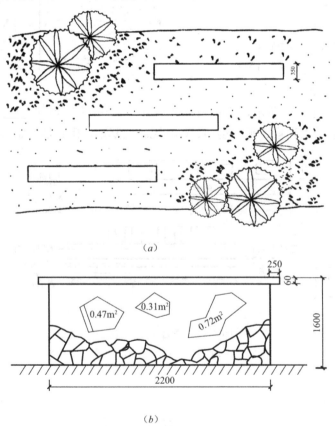

（a）

（b）

图 4-31　景墙示意图

（a）平面图；（b）单个立面图

【解】

(1) 平整场地工程量

$$S = 长 \times 宽 \times 3$$
$$= 2.2 \times 0.35 \times 3$$
$$= 2.31 m^2$$

(2) 挖地槽工程量

$$V = 长 \times 宽 \times 高(单个开挖)$$
$$= 2.2 \times 0.35 \times (0.15 + 0.3)$$
$$= 0.3465 m^3$$

(3) 回填土（单个景墙）工程量

$$V = 挖土量 \times 系数$$
$$= 0.3465 \times 0.6$$
$$= 0.2079 m^3$$

(4) C10 混凝土基础垫层（单个景墙）工程量

$$V = 长 \times 垫层断面$$
$$= 2.2 \times 0.35 \times 0.15$$
$$= 0.1155 m^3$$

(5) 砌墙面（单个景墙）工程量

$$V = 2.2 \times 1.6 \times 0.35 - (0.47 + 0.31 + 0.72) \times 0.35$$
$$= 1.232 - 0.525$$
$$= 0.71 m^3$$

(6) 花岗石压顶（60mm 厚）工程量

$$S = 长 \times 宽$$
$$= (2.2 + 0.25 \times 2) \times 0.35 \times 0.06$$
$$= 0.0567 m^2$$

一面景墙的工程量已知，在绿地中共三面，因此：

1）平整场地：$2.1 m^2$

2）挖地槽：

$$V = 0.3465 \times 3$$
$$= 1.04 m^3$$

3）回填土：

$$V = 0.2079 \times 3$$
$$= 0.62 m^3$$

4）C10 混凝土基础垫层：

$$V = 0.1155 \times 3$$
$$= 0.35 m^3$$

5）砌墙面：

$$V = 0.71 \times 3$$
$$= 2.13 m^3$$

6）花岗石压顶：

$$S = 0.0567 \times 3$$
$$= 0.17 \mathrm{m}^2$$

清单工程量计算见表4-21。

清单工程量计算表　　　　　　　　　　　　　　　　　　　表4-21

序　号	项目编码	项目名称	项目特征描述	工程量合计	计量单位
1	010101001001	平整场地	土壤类别：三类土	2.31	m²
2	010101003001	挖沟槽土方	1. 土壤类别：三类土 2. 挖土深度：0.45m	1.04	m³
3	010103001001	回填方	1. 密实度要求：95% 2. 填方运距：1000m	0.62	m³
4	010501001001	垫层	混凝土强度等级：C10	0.35	m³
5	050307010001	景墙	1. 土壤类别：三类土 2. 墙体厚度：0.49m	2.13	m³

【例4-24】　某园林景墙如图4-32所示，景墙弧长6500mm，试根据图中已知条件，计算景墙的工程量。

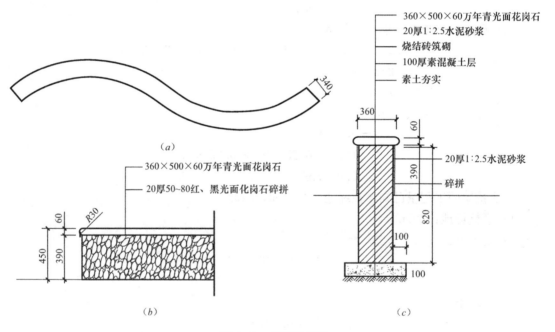

图4-32　景墙示意图
(a) 平面图；(b) 立面图；(c) 剖面图

【解】

（1）平整场地工程量

$$S = (长+2) \times (宽+2)$$
$$= (6.5+2) \times (0.34+2)$$
$$= 19.89 \mathrm{m}^2$$

（2）挖地槽工程量

$$V = 长 \times 宽(考虑工作面) \times 开挖高$$
$$= 6.5 \times (0.34 + 0.2 + 0.6) \times (0.82 + 0.1 - 0.39)$$
$$= 3.93m^3$$

（3）回填土工程量

$$V = 挖土量 \times 0.6$$
$$= 3.93 \times 0.6$$
$$= 2.36m^3$$

（4）C10混凝土基础垫层工程量

$$V = 长 \times 垫层断面$$
$$= 6.5 \times 0.54 \times 0.1$$
$$= 0.35m^3$$

（5）砌圆弧景墙工程量

$$V = 长 \times 墙体断面$$
$$= 6.5 \times 0.34 \times 0.82$$
$$= 1.81m^3$$

（6）花岗石压顶（60厚）工程量

$$S = 6.5 \times 0.34$$
$$= 2.21m^2$$

（7）景墙两面贴碎拼花岗石工程量

$$S = 长 \times 贴面高 \times 面数$$
$$= 6.5 \times 0.39 \times 2$$
$$= 5.07m^2$$

【例4-25】 现有一带座凳的花池，如图4-33所示，试根据图中已知条件求其工程量。

【解】

（1）挖地坑工程量

$$V = 断面(考虑留工作面) \times 开挖高$$
$$= (2.1 + 0.2 + 0.3 \times 2) \times (2.1 + 0.2 + 0.3 \times 2) \times (0.45 + 0.1)$$
$$= 4.63m^3$$

（2）回填种植土工程量

$$V = 内断面 \times 填上高 \times 虚土拆松土系数$$
$$= 0.98 \times 0.98 \times (0.45 + 0.4 + 0.1) \times 1.25$$
$$= 1.14m^3$$

（3）C10混凝土基础垫层工程量

$$V = 中心线长 \times 断面$$
$$= (0.98 + 0.56) \times 4 \times 0.76 \times 0.1$$
$$= 0.47m^3$$

（4）砌花池工程量

$$V = 中心线长 \times 断面$$

$$= (0.98 + 0.56) \times 4 \times 0.56 \times (0.45 + 0.4)$$

$$= 2.93 m^3$$

（5）木座凳板工程量

$$S = 中心线长 \times 宽$$

$$= (0.98 + 0.56) \times 4 \times 0.56$$

$$= 3.45 m^2$$

（6）池外贴黄木纹页岩工程量

$$S = 外周圈长 \times 贴面高$$

$$= 2.1 \times 4 \times 0.4$$

$$= 3.36 m^2$$

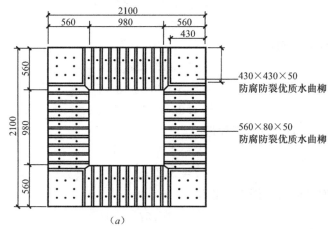

（a）

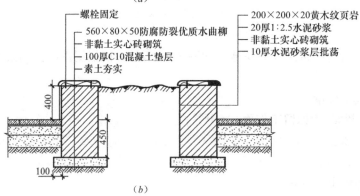

（b）

图 4-33　花池示意图

（a）平面图；（b）剖面图

【例 4-26】　如图 4-33 所示为某公园内的堆筑土山丘的平面图，已知该山丘平投影的外接矩形长 16m，宽 9m，山丘的高度为 8.5m，试计算其工程量。

【解】

山丘的工程量：

$$V = 16 \times 9 \times 8.5 \times \frac{1}{3}$$

$$= 408 m^3$$

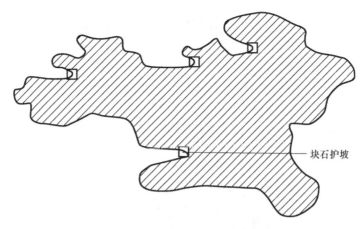

图 4-33　山丘水平投影图

块石护坡

工程量清单计算见表 4-22。

工程量清单计算表　　　　　　　　　　　　　　　　表 4-22

序号	项目编码	项目名称	项目特征描述	工程量合计	计量单位
1	050301001001	堆筑土山丘	1. 土丘高度：8.5m 2. 土丘底外接矩形面积：16m×9m	408	m³

【例 4-27】　某自然生态景区，采用原木墙来分隔空间，根据景区需要，原木墙做成高低参差不齐的形状，如图 4-34 所示。所用原木均为直径 12mm 的木材。试求原木墙工程量（其中原木高为 1.5m 的有 8 根，1.6m 的有 7 根，1.7m 的有 8 根，1.8m 的有 5 根，1.9m 的有 6 根，2m 的有 6 根）。

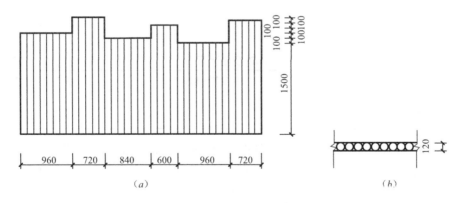

图 4-34　原木墙构造示意图
(a) 立面图；(b) 平面图

【解】

该原木墙的工程量：

$S = 0.96 \times 1.7 + 0.72 \times 2 + 0.84 \times 1.6 + 0.6 \times 1.8 + 0.96 \times 1.5 + 0.72 \times 1.9$

$= 1.63 + 1.44 + 1.34 + 1.08 + 1.44 + 1.37$

$= 8.3 \text{m}^2$

清单工程量计算见表 4-23。

清单工程量计算表　　　　　　　　　　　　　　　　　　　　　　　表 4-23

序号	项目编码	项目名称	项目特征描述	工程量合计	计量单位
1	050302002001	原木 （带树皮）墙	原木直径：12mm（不含树皮厚度）	8.3	m²

【例 4-28】 某公园中央竹制小屋，长×宽×高为 6m×5.5m×3.3m，如图 4-35 所示，竹编墙所用竹子直径为 1.3cm，采用竹框墙龙骨，试计算竹编墙工程量（该屋子有一高 2.5m、宽 1.8m 的门）。

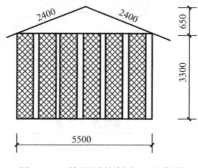

图 4-35　某公园竹制小屋示意图

【解】
竹编墙的工程量：
$$S = 6 \times 3.3 \times 2 + 5.5 \times 3.3 \times 2 - 2.5 \times 1.8$$
$$= 39.6 + 36.3 - 4.5$$
$$= 71.4 \text{m}^2$$

清单工程量计算见表 4-24。

清单工程量计算表　　　　　　　　　　　　　　　　　　　　　　　表 4-24

序号	项目编码	项目名称	项目特征描述	工程量合计	计量单位
1	050302005001	竹编墙	1. 竹直径：1.3cm 2. 墙龙骨材料种类：竹框墙龙骨	71.4	m²

【例 4-29】 一小游园中有一凉亭，如图 4-36 所示。其中柱、梁为塑竹柱、梁，凉亭柱高为 4m，共 4 根，梁长为 2.5m，共 4 根。梁、柱用角铁作芯，外用水泥砂浆塑面，做出竹节，最外层涂有灰面乳胶漆三道。柱子截面半径为 0.3m，梁截面半径为 0.2m，亭柱埋入地下为 0.6m。亭顶面为等边三角形，边长为 6m，亭顶面板制作厚度为 2cm，亭面坡度为 1：40。亭子高出地面为 0.25m，为砖基础，表面铺水泥，砖基础下为 50 厚混凝土，100 厚粗砂，120 厚 3：7 灰土垫层素土夯，试求塑竹梁、柱工程量。

【解】
（1）塑竹梁的工程量
$$S_1 = 2\pi \times 0.2 \times 2.5 \times 4 = 12.56 \text{m}^2$$
（2）塑竹柱的工程量
$$S_2 = 2\pi \times 0.3 \times 4 \times 4 = 30.14 \text{m}^2$$

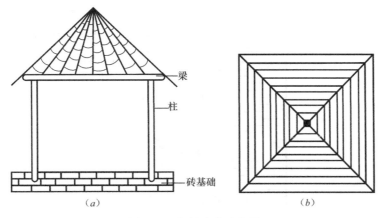

图 4-36 塑竹凉亭示意图

（a）亭子立面图；（b）亭子平面图

清单工程量计算见表 4-25。

清单工程量计算表   表 4-25

序号	项目编码	项目名称	项目特征描述	工程量合计	计量单位
1	050307005001	塑竹梁、柱	1. 塑竹种类：塑竹梁 2. 油漆品种、颜色：乳胶漆、灰色	12.56	m²
2	050307005002	塑竹梁、柱	1. 塑竹种类：塑竹柱 2. 油漆品种、颜色：乳胶漆、灰色	30.14	m²

【例 4-30】 某景区内矩形花坛构造如图 4-37 所示。已知花坛外围延长为 4.48m×3.24m，花坛边缘有用铁件制作安装的栏杆，高为 25cm，已知铁栏杆为 6.3kg/m²，且表面涂防锈漆一遍，调和漆两遍，试求铁艺栏杆工程量。

【解】

花坛铁艺栏杆工程量：

$$L = 4.24 \times 2 + 3 \times 2$$
$$= 14.48\text{m}$$

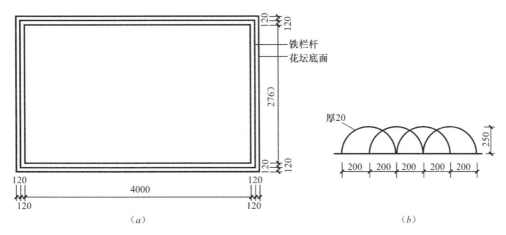

图 4-37 矩形花坛示意图（一）

（a）花坛平面构造示意图；（b）栏杆构造示意图

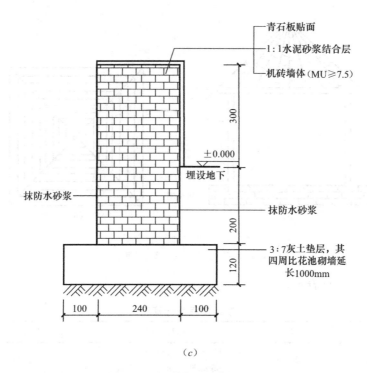

青石板贴面

1:1水泥砂浆结合层

机砖墙体（MU≥7.5）

300

±0.000

埋设地下

抹防水砂浆

抹防水砂浆

200

3:7灰土垫层，其
四周比花池砌墙延
长1000mm

120

100　240　100

（c）

图 4-37　矩形花坛示意图（二）

（c）花坛砌体结构示意图

清单工程量计算见表 4-26。

清单工程量计算表

表 4-26

序号	项目编码	项目名称	项目特征描述	工程量合计	计量单位
1	050307006001	铁艺栏杆	1. 铁艺栏杆高度：25cm 2. 铁艺栏杆单位长度重量：6.3kg/m² 3. 防护材料种类：防锈漆	14.48	m

5 园林工程工程量计价编制应用实例

5.1 园林景观工程招标工程量清单编制实例

现以某公园园林景观工程为例介绍园林绿化工程工程量清单编制（由委托工程造价咨询人编制）。

1. 招标工程量清单封面

招标工程量清单封面 表 5-1

××公园园林景观 工程

招 标 工 程 量 清 单

招 标 人： ××投资开发有限公司 （单位盖章）

造价咨询人： ××工程造价咨询企业 （单位盖章）

××年×月×日

【表格填制要点】 招标工程量清单封面应填写招标工程项目的具体名称，招标人应盖单位公章，如委托工程造价咨询人编制，还应由其加盖相同单位公章。

2. 招标工程量清单扉页

招标工程量清单扉页 表 5-2

＿＿×× 公园园林景观＿＿ 工程

招标工程量清单

<table>
<tr>
<td>招标人：<u>＿＿开发有限公司＿＿</u></td>
<td>造价咨询人：<u>××工程造价咨询企业</u></td>
</tr>
<tr>
<td align="center">（单位盖章）</td>
<td align="center">（单位资质专用章）</td>
</tr>
<tr>
<td>法定代表人 ××公司</td>
<td>法定代表人</td>
</tr>
<tr>
<td>或其授权人：<u>＿＿×××＿＿</u></td>
<td>或其授权人：<u>××工程造价咨询企业</u></td>
</tr>
<tr>
<td align="center">（签字或盖章）</td>
<td align="center">（签字或盖章）</td>
</tr>
<tr>
<td>编 制 人：<u>＿＿×××＿＿</u></td>
<td>复 核 人：<u>＿＿×××＿＿</u></td>
</tr>
<tr>
<td align="center">（造价人员签字盖专用章）</td>
<td align="center">（造价工程师签字盖专用章）</td>
</tr>
<tr>
<td align="center">编制时间：××年×月×日</td>
<td align="center">复核时间：××年×月×日</td>
</tr>
</table>

【表格填制要点】 招标人委托工程造价咨询人编制工程量清单时，招标工程量清单扉页由工程造价咨询人单位注册的造价人员编制，工程造价咨询人盖单位资质专用章，法定代表人或其授权人签字或盖章。编制人是造价工程师的，由其签字盖执业专用章；编制人是造价员的，在编制人栏签字盖专用章，应由造价工程师复核，并在复核人栏签字盖执业专用章。

3. 总说明

工程名称：××公园园林景观工程　　　　　　　　　　　　第 1 页　共 1 页

1. 工程概况：本工程位于××市长清区滨河路段，总面积约 500m²。计划工期为 90 日历天。施工现场距办公大厦较近，施工中应注意采取相应的防噪措施。

2. 工程招标范围：设计施工图纸范围内的园林工程施工等，具体以图纸及招标文件为准。

3. 工程量清单编制依据：

(1) 园林绿化工程施工图；

(2)《建设工程工程量清单计价规范》(GB 50500—2013)、《园林绿化工程工程量计算规范》(GB 50858—2013) 等计算规范；

(3) 拟定的招标文件；

(4) 相关的规范、标准图集和技术资料。

4. 其他（略）。

【表格填制要点】　编制工程量清单的总说明的内容应包括：

（1）工程概况：如建设地址、建设规模、工程特征、交通状况、环保要求等。

（2）工程发包、分包范围。

（3）工程量清单编制依据：如采用的标准、施工图纸、标准图集等。

（4）使用材料设备、施工的特殊要求等。

（5）其他需要说明的问题。

4. 分部分项工程和单价措施项目清单与计价表

【表格填制要点】　《建设工程工程量清单计价规范》(GB 50500—2013) 将招标工程量清单表与工程量清单计价表两表合一，大大减少了投标人因两表分设而可能带来的出错概率。此表不只是编制投标工程量清单的表式，也是编制招标控制价、投标价、竣工结算的最基本的用表。

编制工程量清单时，"工程名称"栏应填写具体的工程称谓，对于房屋建筑，通常并无标段划分，可不填写"标段"栏；但相对管道敷设、道路施工等则往往以标段划分，此时应填写"标段"栏，其他各表涉及此类设置，道理相同。

（1）"项目编码"栏应按相关工程国家计量规范项目编码栏内规定的 9 位数字另加 3 位顺序码填写。

（2）"项目名称"栏应按相关工程国家计量规范根据拟建工程实际确定填写。

（3）"项目描述"栏应按相关工程国家计量规范根据拟建工程实际予以描述，具体要求如下：

1）必须描述的内容：

① 涉及正确计量的内容必须描述。

② 涉及结构要求的内容必须描述。如混凝土构件的混凝土强度等级，是使用 C20、C30 或 C40 等，应混凝土强度等级不同，其价值也不同，必须描述。

③ 涉及材质要求的内容必须描述。如管材的材质，是碳钢管还是塑料管、不锈钢管

等；还需要对管材的规格、型号进行描述。

④ 涉及安装方式的内容必须描述。如管道工程中的钢管的连接方式是螺纹连接还是焊接；塑料管是粘结连接还是热熔连接等必须描述。

2）可不详细描述的内容：

① 无法准备描述的可不详细描述。如土壤类别，由于我国幅员辽阔，南北东西差异较大，特别是对于南方来说，在同一地点，由于表层与表层土以下的土壤，其类别是不同的，要求清单编制人准确判定某类土壤在石方中所占比例是困难的。在这种情况下，可考虑将土壤类别描述为综合，但应注明由投标人根据地勘资料自行确定土壤类别，决定报价。

② 施工图纸、标准图集明确的，可不再详细描述。对这些项目可描述为见××图集××页号及节点大样等。由于施工图纸、标准图集是发承包双方都应遵守的技术文件，这样描述，可以有效减少在施工过程中对项目理解的不一致。

③ 有一些项目虽然可不详细描述，但清单编制人在项目特征描述中应注明由投标人自定，如土方工程中的"取土运距"、"弃土运距"等。

④ 一些地方以项目特征见××定额的表述也是值得考虑的。由于现行定额经过了几十年的贯彻实施，每个定额项目实质上都是一定项目特征下的消耗量标准及其价值表示，因此，如清单项目的项目特征与现行定额某些项目的规定是一致的，也可采用见××定额项目的方式予以表述。

3）特征描述的方式：特征描述的方式大致分为"问答式"与"简化式"两种。

① 问答式主要是工程量清单编写者直接采用工程计价软件上提供的规范，在要求描述的项目特征上采用答题的方式进行描述。这种方式的优点是全面、详细，缺点是显得啰唆，打印用纸较多。

② 简化式则与问答式相反，对需要描述的项目特征内容根据当地的用语习惯，采用口语化的方式直接表述，省略了规范上的描述要求，简洁明了，打印用纸较少。

（4）"计量单位"应按相关工程国家计量规范的规定填写。有的项目规范中有两个或两个以上计量单位的，应按照最适宜计量的方式选择其中一个填写。

（5）"工程量"应按相关工程国家计量规范规定的工程量计算规则计算填写。

按照本表的注示：为了记取规费等的使用，可在表中增设其中："定额人工费"，由于各省、自治区、直辖市以及行业建设主管部门对规费记取基础的不同设置，可灵活处理。

分部分项工程和单价措施项目清单与计价表（一）　　　　表 5-4

工程名称：××公园园林景观工程　　　　　标段：　　　　　　第1页　共7页

序号	项目编码	项目名称	项目特征描述	计量单位	工程量	金额/元		
						综合单价	合价	其中
								暂估价
			0101 土石方工程					
1	010101001001	平整场地	1. 土壤类别：一类土 2. 整理部位：遮雨廊	m²	142.00			
2	010101001002	平整场地	1. 土壤类别：一类土 2. 整理部位：架空平台	m²	577.00			

序号	项目编码	项目名称	项目特征描述	计量单位	工程量	金额/元		
						综合单价	合价	其中 暂估价
			0101 土石方工程					
3	010101001003	平整场地	1. 土壤类别：一类土 2. 整理部位：小卖部、休息平廊	m²	367.50			
4	010101001004	平整场地	1. 土壤类别：一类土 2. 整理部位：景观廊	m²	48.00			
5	010101001005	平整场地	1. 土壤类别：一类土 2. 整理部位：公园后门	m²	198.40			
6	010101001006	平整场地	1. 土壤类别：一类土 2. 整理部位：眺望台	m²	94.99			
7	010101002001	挖一般土方	1. 土壤类别：一类土 2. 挖土部位：遮雨廊	m³	28.50			
8	010101002002	挖一般土方	1. 土壤类别：一类土 2. 挖土部位：景观廊	m³	242.00			
9	010101002003	挖一般土方	1. 土壤类别：一类土 2. 挖土部位：出入口招牌	m³	6.60			
			分部小计					
			0104 砌筑工程					
10	010401003001	实心砖墙	1. 砖品种、规格：黏土砖 240mm×115mm×53mm 2. 墙体类型：3/4 砖实心砖外墙	m³	52.00			
			分部小计					
			本页小计					
			合计					

注：为计取规费等的使用，可在表中增设其中："定额人工费"。

分部分项工程和单价措施项目清单与计价表（二）

表 5-5

工程名称：××公园园林景观工程　　　　　标段：　　　　　　　第 2 页　共 7 页

序号	项目编码	项目名称	项目特征描述	计量单位	工程量	金额/元		
						综合单价	合价	其中 暂估价
			0104 砌筑工程					
11	010401003002	实心砖墙	1. 砖品种、规格：黏土砖 240mm×115mm×53mm 2. 墙体类型：1/2 砖实心砖外墙	m³	3.45			
12	010401003003	实心砖墙	1. 砖品种、规格：黏土砖 240mm×115mm×53mm 2. 墙体类型：1/2 砖实心砖内墙	m³	1.94			

| 序号 | 项目编码 | 项目名称 | 项目特征描述 | 计量单位 | 工程量 | 金额/元 | | |
						综合单价	合价	其中暂估价
			0104 砌筑工程					
13	010401003004	实心砖墙	1. 砖品种、规格：黏土砖 240mm×115mm×53mm 2. 墙体类型：一砖墙	m³	6.64			
14	010404013001	零星砌砖	1. 砌砖部位：砖砌踏步 2. 砖品种、规格：黏土砖 240mm×115mm×53mm	m³	2.25			
			分部小计					
			0105 混凝土及钢筋混凝土工程					
15	010501003001	独立基础	1. 混凝土种类：现场搅拌预制混凝土 2. 混凝土强度等级：C20	m³	50.34			
16	010501003002	独立基础	1. 部位：架空平台独立基础 2. 混凝土强度等级：C20	m³	89.10			
17	010501002001	带形基础	1. 混凝土种类：现场搅拌预制混凝土 2. 混凝土强度等级：C10 凝土垫层	m³	1.80			
			分部小计					
			本页小计					
			合计					

注：为计取规费等的使用，可在表中增设其中："定额人工费"。

分部分项工程和单价措施项目清单与计价表（三）   表 5-6

工程名称：××公园园林景观工程   标段：

| 序号 | 项目编码 | 项目名称 | 项目特征描述 | 计量单位 | 工程量 | 金额/元 | | |
						综合单价	合价	其中暂估价
			0105 混凝土及钢筋混凝土工程					
18	010502001001	矩形柱	规格：200mm×200mm 矩形柱	m³	24.32			
19	010502002002	构造柱	1. 规格：30m×0.30m，$H=11.03\sim13.31$m 2. 混凝土强度等级：C25	m³	0.54			
20	010503002001	矩形梁	规格：100mm×100mm 矩形梁	m³	68.25			
21	010503001001	基础梁	截面尺寸：0.24m×0.24m	m³	17.69			
22	010503003001	异形梁	混凝土强度等级：C25	m³	2.36			
23	011703015001	弧形、拱形梁	1. 截面尺寸：0.30m×0.30m 2. 混凝土强度等级：C20	m³	8.10			

序号	项目编码	项目名称	项目特征描述	计量单位	工程量	金额/元		
						综合单价	合价	其中 暂估价
			0105 混凝土及钢筋混凝土工程					
24	011703015002	弧形、拱形梁	混凝土强度等级：C20	m³	20.35			
25	010505004001	拱板	混凝土强度等级：C25	m³	44.15			
26	010506002001	弧形楼梯	混凝土强度等级：C20	m³	5.400			
27	010515001001	现浇构件钢筋	钢筋规格：φ10 以内	t	32.50			
			分部小计					
			0108 门窗工程					
28	010803001001	金属卷帘（闸）门	1. 洞口尺寸：3m×2.1m 2. 门材质：不锈钢	樘	2			
29	010801001001	木质门	1. 洞口尺寸：2.1m×1.8m 2. 种类：仓库实木装饰门	樘	1			
30	010801001002	木质门	1. 洞口尺寸：2.1m×1.8m 2. 种类：实木装饰门	樘	3			
31	020401004002	胶合板门	种类：工具房胶合板门	樘	3			
			分部小计					
			本页小计					
			合计					

注：为计取规费等的使用，可在表中增设其中："定额人工费"。

分部分项工程和单价措施项目清单与计价表（四）　　　　表 5-7

工程名称：××公园园林景观工程　　　　标段：　　　　

序号	项目编码	项目名称	项目特征描述	计量单位	工程量	金额/元		
						综合单价	合价	其中 暂估价
			0108 门窗工程					
32	010805004001	电动伸缩门	—	樘	1			
33	010807001001	金属（塑钢、断桥）窗	—	樘	6			
34	010802001001	金属（塑钢）门	材质：不锈钢门	樘	4			
35	010702004001	防盗门	—	樘	2			
36	010801001003	木质门	种类：胶合板门	樘	1			
37	010807001002	金属（塑钢、断桥）窗	材质、种类：不锈钢推拉窗	樘	10			
38	010808005001	石材门窗套	饰面、线条品种：花岗石	樘	20			
			分部小计					

序号	项目编码	项目名称	项目特征描述	计量单位	工程量	金额/元		
						综合单价	合价	其中暂估价
			0109 屋面及防水工程					
39	010901001001	瓦屋面	瓦品种：青石板文化石片	m²	114.78			
40	010901001002	瓦屋面	瓦品种：六角亭琉璃瓦	m²	55.00			
41	010901001003	瓦屋面	瓦品种：青石瓦	m²	60.00			
42	010901001004	瓦屋面	瓦品种：青石片	m²	162.28			
			分部小计					
			0111 楼地面装饰工程					
43	011101001001	水泥砂浆楼地面	平台碎石地面，美国南方松圆木分割	m²	388.52			
44	011102001001	石材楼地面	面层材料品种、规格：300mm×300mm绣板文化石地面	m²	180.00			
45	011102001002	石材楼地面	面层材料品种：平台灰色花岗岩	m²	175.42			
			分部小计					
			本页小计					
			合计					

注：为计取规费等的使用，可在表中增设其中："定额人工费"。

分部分项工程和单价措施项目清单与计价表（五）　　　表 5-8

工程名称：××公园园林景观工程　　　　　　标段：　　　　　　

序号	项目编码	项目名称	项目特征描述	计量单位	工程量	金额/元		
						综合单价	合价	其中暂估价
			0111 楼地面装饰工程					
46	011102001003	石材楼地面	1. 面层材料品种、规格：100mm×115mm×40mm 光面连州青花岗岩石板 2. 拼接形式：凹缝密拼	m²	97.92			
47	011102001004	石材楼地面	1. 面层材料品种：厚粗面花岗岩冰裂文化石 2. 面层厚度：50mm	m²	89.24			
48	011102001005	石材楼地面	面层材料品种：休息平台黄石纹石材地面	m²	70.40			
49	011102003001	块料楼地面	面层材料品种、规格：300mm×300mm 仿石砖	m²	22.00			
50	011102003002	块料楼地面	面层材料品种：生态平台地面铺绣石文化石冰裂纹	m²	94.20			
51	011102003003	块料楼地面	面层材料品种、规格：600mm×600mm 抛光耐磨砖	m²	116.95			

序号	项目编码	项目名称	项目特征描述	计量单位	工程量	金额/元		
						综合单价	合价	其中暂估价
			0111 楼地面装饰工程					
52	011102003004	块料楼地面	面层材料品种、规格：300mm×300mm 防滑砖	m²	10.25			
53	011102003005	块料楼地面	面层材料品种、规格：阳台楼梯 400mm×400mm 仿古砖	m²	50.28			
54	011102003006	块料楼地面	面层材料品种、规格：300mm×300mm 仿石砖	m²	38.47			
55	011102003007	块料楼地面	面层材料品种、规格：600mm×300mm 粗面白麻石	m²	43.75			
			分部小计					
			本页小计					
			合计					

注：为计取规费等的使用，可在表中增设其中："定额人工费"。

分部分项工程和单价措施项目清单与计价表（六）

工程名称：××公园园林景观工程　　　　　标段：　　　　　　　　　　　　　表 5-9　第 6 页　共 7 页

序号	项目编码	项目名称	项目特征描述	计量单位	工程量	金额/元		
						综合单价	合价	其中暂估价
			0112 墙、柱面装饰与隔断、幕墙工程					
56	011201001001	墙面一般抹灰	1. 墙体类型：内墙 2. 面层厚度、砂浆配合比：5mm 厚 1：2.5 混合砂浆 3. 装饰面材料种类：乳胶漆	m²	271.30			
57	011201001002	墙面一般抹灰	1. 墙体类型：混凝土外墙 2. 面层厚度、砂浆配合比：6mm 厚 1：2.5 混合砂浆	m²	162.45			
58	011201001003	墙面一般抹灰	1. 墙体类型：混凝土外墙 2. 面层厚度、砂浆配合比：8mm 厚 1·2.5 混合砂浆	m²	70.50			
59	011202001001	柱面一般抹灰	—	m²	847.00			
60	011204003001	块料墙面	面层材料、颜色：米黄色仿石砖	m²	35.00			
61	011204003002	块料墙面	面层材料：仿青砖	m²	135.65			
62	011204003003	块料墙面	面层材料、规格：200mm×300mm 瓷片	m²	65.24			
63	011204003004	块料墙面	1. 墙体类型：厨房墙体 2. 面层材料、规格：200mm×300mm 瓷片	m²	38.05			

序号	项目编码	项目名称	项目特征描述	计量单位	工程量	金额/元		
						综合单价	合价	其中暂估价
			0112 墙、柱面装饰与隔断、幕墙工程					
64	011204003005	块料墙面	面层材料、颜色：浅绿色文化石	m²	42.07			
65	011204003006	块料墙面	面层材料：青石板		145.20			
66	011204003007	块料墙面	面层材料：木纹文化石	m²	15.07			
67	011205002001	块料柱面	面层材料、规格：45mm×195mm 米黄色仿石砖块	m²	52.00			
			分部小计					
			本页小计					
			合计					

注：为计取规费等的使用，可在表中增设其中："定额人工费"。

分部分项工程和单价措施项目清单与计价表（七）   表 5-10

工程名称：××公园园林景观工程　　　　　　标段：　　　　　　第 7 页　共 7 页

序号	项目编码	项目名称	项目特征描述	计量单位	工程量	金额/元		
						综合单价	合价	其中暂估价
			0112 墙、柱面装饰与隔断、幕墙工程					
68	011205002002	块料柱面	面层材料、规格：100mm×300mm 木纹文化砖	m²	80.00			
69	011206002001	块料零星项目	1. 基层部位：墙裙 2. 面层材料：青石板蘑菇形文化砖	m²	13.34			
70	011207001001	墙面装饰板	1. 墙体类型：木方板墙面 2. 面层材料品种：美国南方松	m²	76.42			
			分部小计					
			园路、园桥工程					
71	050201001001	园路	1. 路面材料种类：12cm 厚遮雨廊麻石路面 2. 混凝土种类：豆石混凝土 3. 混凝土强度等级：C15	m²	78.20			
72	050201014001	木制步桥	1. 木材种类：美国南方松 2. 木桥面板截面：150mm×50mm	m²	831.60			
			园林景观工程					
73	050305001001	预制钢筋混凝土飞来椅	钢筋混凝土飞来椅	m	23.00			
74	050305006001	石桌石凳	—	个	20			

序号	项目编码	项目名称	项目特征描述	计量单位	工程量	金额/元		
						综合单价	合价	其中 暂估价
			园林景观工程					
75	050302001001	原木柱	材料种类：美国南方松木柱	m	0.66			
76	050302001002	原木梁	材料种类：美国南方松木梁	m	0.96			
			分部小计					
			本页小计					
			合计					

注：为计取规费等的使用，可在表中增设其中："定额人工费"。

5. 总价措施项目清单与计价表

总价措施项目清单与计价表　　　　　　　　　　　　表 5-11

工程名称：××公园园林景观工程　　　　　　标段：　　　　　　第 1 页　共 1 页

序号	项目编码	项目名称	计算基础	费率（%）	金额/元	调整费率（%）	调整后金额/元	备注
1	050405001001	安全文明施工费	定额人工费	30				
2	050405002001	夜间施工增加费	定额人工费	1.5				
3	050405004001	二次搬运费		1				
4	050405005001	冬雨期施工增加费	定额人工费	8				
5	050405008001	已完工程及设备保护费						
			合　计					

编制人（造价人员）：　　　　　　　　　复核人（造价工程师）：

注：1. "计算基础"中安全文明施工费可为"定额基价"、"定额人工费"或"定额人工费＋定额机械费"，其他项目可为"定额人工费"或"定额人工费＋定额机械费"。

2. 按施工方案计算的措施费，若无"计算基础"和"费率"的数值，也可只填"金额"数值，但应在备注栏说明施工方案出处或计算方法。

【表格填制要点】　编制工程量清单时，总价措施项目清单与计价表中的项目可根据工程实际情况进行增减。

6. 其他项目清单与计价表

其他项目清单与计价汇总表 表 5-12

工程名称：××公园园林景观工程　　　　标段：　　　　　　　　　　第 1 页　共 1 页

序号	项目名称	金额/元	结算金额/元	备　注
1	暂列金额	50000.00		明细详见表 5-13
2	暂估价			
2.1	材料暂估价	—		明细详见表 5-14
2.2	专业工程暂估价			
3	计日工			明细详见表 5-15
4	总承包服务费			
5				
	合　计			—

注：材料（工程设备）暂估单价进入清单项目综合单价，此处不汇总。

【表格填制要点】 编制招标工程量清单时，其他项目清单与计价汇总表应汇总"暂列金额"和"专业工程暂估价"，以提供给投标报价。

（1）暂列金额明细表

暂列金额明细表 表 5-13

工程名称：××公园园林景观工程　　　　标段：　　　　　　　　　　第 1 页　共 1 页

序号	项目名称	计量单位	暂定金额/元	备注
1	政策性调整和材料价格波动	项	45000.00	
2	其他	项	5000.00	
3				
	合　计		50000.00	—

注：此表由招标人填写，如不能详列，投也可只列暂定金额总额，投标人应将上述暂列金额计入投标总价中。

【表格填制要点】 投标人只需要直接将招标工程量清单中所列的暂列金额纳入投标

146

总价，并且不需要在所列的暂列金额以外再考虑任何其他费用。

（2）材料（工程设备）暂估单价及调整表

材料（工程设备）暂估单价及调整表   表 5-14

工程名称：××公园园林景观工程　　　　　　　　　标段：　　　　　　　第 1 页　共 1 页

序号	材料（工程设备）名称、规格、型号	计量单位	数量		暂估/元		确认/元		差额±/元		备注
			暂估	确认	单价	合价	单价	合价	单价	合价	
1	碎石	m³	10		80.80						20mm 厚
2	美国南方松木板	m³	15		3200.00						
	其他：（略）										
	合计										

注：此表由招标人填写"暂估单价"，并在备注栏说明暂估价的材料、工程设备拟用在那些清单项目上，投标人应将上述材料、工程设备暂估单价计入工程量清单综合单价报价中。

【**表格填制要点**】　一般而言，招标工程量清单中列明的材料、工程设备的暂估价仅指此类材料、工程设备本身运至施工现场内工地地面价，不包括这些材料、工程设备的安装以及安装所必需的辅助材料以及发生在现场内的验收、存储、保管、开箱、二次搬运、从存放地点运至安装地点以及其他任何必要的辅助工作（以下简称"暂估价项目的安装及辅助工作"）所发生的费用。暂估价项目的安装及辅助工作所发生的费用应该包括在投标报价中的相应清单项目的综合单价中并且固定包死。

（3）计日工表

计日工表   表 5-15

工程名称：××公园园林景观工程　　　　　　　　　标段：　　　　　　　第 1 页　共 1 页

编号	项目名称	单位	暂定数量	实际数量	综合单价/元	合价/元	
						暂定	实际
一	人工						
1	技工	工日	20.00				
2							
	人工小计						
二	材料						
1	42.5 级普通水泥	t	35.00				
2							
	材料小计						
三	施工机械						
1	汽车起重机 20t	台班	10.00				
2							
	施工机械小计						
	四、企业管理费和利润						
	总　计						

注：此表项目名称、暂定数量由招标人填写，编制招标控制价时，单价由招标人按有关计价规定确定；投标时，单价由投标人自主报价，按暂定数量计算合价计入投标总价中。结算时，按承包双方确认的实际数量计算合价。

【表格填制要点】 编制工程量清单时，计日工表中的"项目名称"、"计量单位"、"暂估数量"由招标人填写。

7. 规费、税金项目计价表

规费、税金项目计价表

工程名称：××公园园林景观工程　　　　　　标段：　　　　　　　　　　　表 5-16　　第 1 页　共 1 页

序号	项目名称	计算基础	计算基数	计算费率（%）	金额/元
1	规费				
1.1	社会保险费		(1)+…+(5)		
(1)	养老保险费	定额人工费		3.5	
(2)	失业保险费	定额人工费		2	
(3)	医疗保险费	定额人工费		6	
(4)	工伤保险费	定额人工费		0.5	
(5)	生育保险费	定额人工费			
1.2	住房公积金	定额人工费		6	
1.3	工程排污费	按工程所在地环境保护部门收取标准，按实计入		0.14	
2	税金	分部分项工程费＋措施项目费＋其他项目费＋规费－按规定不计税的工程设备金额		3.413	
		合　计			

编制人（造价人员）：　　　　　　　　复核人（造价工程师）：

【表格填制要点】 在施工实践中，有的规费项目，如工程排污费，并非每个工程所在地都要征收，实践中可作为按实计算的费用处理。

8. 主要材料、工程设备一览表

【表格填制要点】《建设工程工程量清单计价规范》（GB 50500—2013）中新增加"主要材料、工程设备一览表"，由于价料等价格占据合同价款的大部分，对材料价款的管理历来是发承包双方十分重视的，因此，规范针对发包人供应材料设置了"发包人提供材料和工程设备一览表"，针对承包人供应材料按当前最主要的调整方法设置了两种表式，分别适用于"造价信息差额调整法"与"价格指数差额调整法"。本例题由承包人提供主要材料和工程设备。

表中"风险系数"应由发包人在招标文件中按照《建设工程工程量清单计价规范》（GB 50500—2013）的要求合理确定。表中将风险系数、基准单价、投标单价、发承包人确认单价在一个表内全部表示，可以大大减少发承包双方不必要的争议。

承包人提供主要材料和工程设备一览表（适用于造价信息差额调整法） **表 5-17**

工程名称：××公园园林景观工程　　　　标段：　　　　第 1 页　共 1 页

序号	名称、规格、型号	单位	数量	风险系数（%）	基准单价/元	投标单价/元	发承包人确认单价/元	备注
1	预拌混凝土 C20	m^3	15	≤5	300			
2	（其他略）							

注：1. 此表由招标人填写除“投标单价”栏的内容，投标人在投标时自主确定投标单价。
2. 投标人应优先采用工程造价管理机构发布的单价作为基准单价，未发布的，通过市场调查确定其基准单价。

5.2 园林景观工程投标总价编制实例

现以某公园园林景观工程为例介绍园林绿化工程投标报价编制（由委托工程造价咨询人编制）。

1. 投标总价封面

投标总价封面 **表 5-18**

××公园园林景观 工程

投 标 总 价

投　标　人：××投资开发有限公司
（单位盖章）

××年×月×日

【表格填制要点】 投标总价封面的应填写投标工程的具体名称，投标人应盖单位公章。

2. 投标总价扉页

投标总价扉页 表 5-19

投 标 总 价

招　标　人：　<u>　　××投资开发有限公司　　</u>
工　程　名　称：　<u>　　××公园园林景观工程　　</u>
投标总价（小写）：　<u>　　1536192.14 元　　</u>
　　　　（大写）：　<u>壹佰伍拾叁万陆仟壹佰玖拾贰元壹角肆分</u>

投　标　人：　<u>　　　　××建筑公司　　　　</u>
　　　　　　　（单位盖章）

法定代表人
或其授权人：　<u>　　　　　×××　　　　　</u>
　　　　　　　（签字或盖章）

编　制　人：　<u>　　　　　×××　　　　　</u>
　　　　　　　（造价人员签字盖专用章）

编制时间：××年×月×日

【表格填制要点】 投标人编制投标报价时，投标总价扉页由投标人单位注册的造价人员编制，投标人盖单位公章，法定代表人或其授权人签字或盖章，编制的造价人员（造价工程师或造价员）签字盖执业专用章。

3. 总说明

总说明 表 5-20

工程名称：××公园园林景观工程　　　　标段：　　　　　　　　　　第 1 页　共 1 页

　1. 编制依据：
　1.1　建设方提供的工程施工图、《某公园园林景观工程投标邀请书》、《投标须知》、《某公园园林景观工程招标答疑》等一系列招标文件。
　1.2　××市建设工程造价管理站××××年第×期发布的材料价格，并参照市场价格。
　2. 报价需要说明的问题：
　2.1　该工程因无特殊要求，故采用一般施工方法。
　2.2　因考虑到市场材料价格近期波动不大，故主要材料价格在××市建设工程造价管理站××××年第×期发布的材料价格基础上下浮 3%。
　3. 综合公司经济状况及竞争力，公司所报费率如下：（略）
　4. 税金按 3.413% 计取。

【表格填制要点】 编制投标报价的总说明内容应包括：采用的计价依据；采用的施工组织设计；综合单价中风险因素、风险范围（幅度）；措施项目的依据；其他有关内容的说明等。

4. 投标控制价汇总表

【表格填制要点】 与招标控制价的表样一致，此处需要说明的是，投标报价汇总表与投标函中投标报价金额应当一致。就投标文件的各个组成部分而言，投标函是最重要的文件，其他组成部分都是投标函的支持性文件，投标函是必须经过投标人签字盖章，并且在开标会上必须当众宣读的文件。如果投标报价汇总表的投标总价与投标函填报的投标总价不一致，应当以投标函中填写的大写金额为准。实践中，对该原则一直缺少一个明确的依据，为了避免出现争议，可以在"投标人须知"中给予明确，用在招标文件中预先给予明示约定的方式来弥补法律法规依据的不足。

建设项目投标报价汇总表

表 5-21

工程名称：××公园园林景观工程　　　　标段：　　　　　　　　　第 1 页　共 1 页

序号	单项工程名称	金额/元	其中：/元		
			暂估价	安全文明施工费	规费
1	××公园园林景观工程	1536192.14	100000.00	70904.73	74826.46
	合　计	1536192.14	100000.00	70904.73	74826.46

注：本表适用于建设项目招标控制价或投标报价的汇总。

单项工程投标报价汇总表

表 5-22

工程名称：××中学教学楼工程　　　　　　　　　　　　　　　　第 1 页　共 1 页

序号	单位工程名称	金额/元	其中：/元		
			暂估价	安全文明施工费	规费
1	××公园园林景观工程	1604717.68	100000.00	62989.50	74826.46
	合　计	1536192.14	100000.00	70904.73	74826.46

注：本表适用于单项工程招标控制价或投标报价的汇总。暂估价包括分部分项工程中的暂估价和专业工程暂估价。

表 5-23

单位工程投标报价汇总表

工程名称：××公园园林景观工程　　　　　　标段：　　　　　　　　　　第 1 页　共 1 页

序号	汇总内容	金额/元	其中：暂估价/元
1	分部分项	1228899.60	100000.00
1.1	土（石）方工程	7697.86	
1.2	砌筑工程	12872.60	
1.3	混凝土及钢筋混凝土工程	283450.37	100000.00
1.4	门窗工程	27255.25	
1.5	屋面及防水工程	44184.41	
1.6	楼地面装饰工程	323276.31	
1.7	墙柱面装饰与隔断、幕墙工程	89968.13	
1.8	园路、园桥、假山工程	396379.91	
1.9	园林景观工程	43814.76	
2	措施项目	115284.38	
2.1	其中：安全文明施工费	70904.73	
3	其他项目	66481.85	
3.1	其中：暂列金额	50000.00	
3.2	其中：计日工	16481.85	
3.3	其中：总承包服务费	—	
4	规费	74826.46	
5	税金	50699.85	
	投标报价合计＝1＋2＋3＋4＋5	1536192.14	100000.00

注：本表适用于单位工程招标控制价或投标报价的汇总，如无单位工程划分，单项工程也使用本表汇总。

5. 分部分项工程和单价措施项目清单与计价表

【表格填制要点】　编制投标报价时，招标人对分部分项工程和单价措施项目清单与计价表中的"项目编码"、"项目名称"、"项目特征"、"计量单位"、"工程量"均不应作改动。"综合单价"、"合价"自主决定填写，对其中的"暂估价"栏，投标人应将招标文件中提供了暂估材料单价的暂估价进入综合单价，并应计算出暂估单价的材料在"综合单价"及其"合价"中的具体数额，因此，为更详细反应暂估价情况，也可在表中增设一栏"综合单价"其中的"暂估价"。

表 5-24

分部分项工程和单价措施项目清单与计价表（一）

工程名称：××公园园林景观工程　　　　　　标段：　　　　　　　　　　第 1 页　共 7 页

序号	项目编码	项目名称	项目特征描述	计量单位	工程量	金额/元 综合单价	合价	其中 暂估价
			0101 土石方工程					
1	010101001001	平整场地	1. 土壤类别：一类土 2. 整理部位：遮雨廊	m²	142.00	2.21	313.82	
2	010101001002	平整场地	1. 土壤类别：一类土 2. 整理部位：架空平台	m²	577.00	4.29	2475.33	
3	010101001003	平整场地	1. 土壤类别：一类土 2. 整理部位：小卖部、休息平廊	m²	367.50	2.21	812.18	

序号	项目编码	项目名称	项目特征描述	计量单位	工程量	金额/元		
						综合单价	合价	其中
								暂估价
			0101 土石方工程					
4	010101001004	平整场地	1. 土壤类别：一类土 2. 整理部位：景观廊	m²	48.00	2.21	106.08	
5	010101001005	平整场地	1. 土壤类别：一类土 2. 整理部位：公园后门	m²	198.40	2.21	438.46	
6	010101001006	平整场地	1. 土壤类别：一类土 2. 整理部位：眺望台	m²	94.99	5.33	506.30	
7	010101002001	挖一般土方	1. 土壤类别：一类土 2. 挖土部位：遮雨廊	m³	28.50	6.31	179.84	
8	010101002002	挖一般土方	1. 土壤类别：一类土 2. 挖土部位：景观廊	m³	242.00	11.67	2824.14	
9	010101002003	挖一般土方	1. 土壤类别：一类土 2. 挖土部位：出入口招牌	m³	6.60	6.32	41.71	
			分部小计				7697.86	
			0104 砌筑工程					
10	010401003001	实心砖墙	1. 砖品种、规格：黏土砖 240mm×115mm×53mm 2. 墙体类型：3/4砖实心砖外墙	m³	52.00	184.15	9575.80	
			分部小计				9575.80	
			本页小计				17273.66	
			合计				17273.66	

注：为计取规费等的使用，可在表中增设其中："定额人工费"。

分部分项工程和单价措施项目清单与计价表（二）

表 5-25

工程名称：××公园园林景观工程　　　　　标段：　　　　　　　　　　第 2 页　共 7 页

序号	项目编码	项目名称	项目特征描述	计量单位	工程量	金额/元		
						综合单价	合价	其中
								暂估价
			0104 砌筑工程					
11	010401003002	实心砖墙	1. 砖品种、规格：黏土砖 240mm×115mm×53mm 2. 墙体类型：1/2砖实心砖外墙	m³	3.45	189.12	652.46	
12	010401003003	实心砖墙	1. 砖品种、规格：黏土砖 240mm×115mm×53mm 2. 墙体类型：1/2砖实心砖内墙	m³	1.94	190.55	369.67	
13	010401003004	实心砖墙	1. 砖品种、规格：黏土砖 240mm×115mm×53mm 2. 墙体类型：一砖墙	m³	6.64	337.67	2242.13	
14	010404013001	零星砌砖	1. 砌砖部位：砖砌踏步 2. 砖品种、规格：黏土砖 240mm×115mm×53mm	m³	2.25	14.46	32.54	
			分部小计				3296.80	

序号	项目编码	项目名称	项目特征描述	计量单位	工程量	综合单价	合价	其中 暂估价
			0105 混凝土及钢筋混凝土工程					
15	010501003001	独立基础	1. 混凝土种类：现场搅拌预制混凝土 2. 混凝土强度等级：C20	m³	50.34	348.28	17532.42	
16	010501003002	独立基础	1. 部位：架空平台独立基础 2. 混凝土强度等级：C20	m³	89.10	387.84	34556.54	
17	010501002001	带形基础	1. 混凝土种类：现场搅拌预制混凝土 2. 混凝土强度等级：C10 凝土垫层	m³	1.80	361.47	650.65	
			分部小计				52739.61	
			本页小计				56036.41	
			合计				73310.07	

注：为计取规费等的使用，可在表中增设其中："定额人工费"。

分部分项工程和单价措施项目清单与计价表（三）　　　表 5-26

工程名称：××公园园林景观工程　　　　　标段：　　　　　　　第 3 页　共 7 页

序号	项目编码	项目名称	项目特征描述	计量单位	工程量	综合单价	合价	其中 暂估价
			0105 混凝土及钢筋混凝土工程					
18	010502001001	矩形柱	规格：200mm×200mm 矩形柱	m³	24.32	213.81	5199.86	
19	010502002002	构造柱	1. 规格：30m×0.30m，$H=$ 11.03~13.31m 2. 混凝土强度等级：C25	m³	0.54	245.86	132.76	
20	010503002001	矩形梁	规格：100mm×100mm 矩形梁	m³	68.25	204.27	13941.43	
21	010503001001	基础梁	截面尺寸：0.24m×0.24m	m³	17.69	205.59	3636.89	
22	010503003001	异形梁	混凝土强度等级：C25	m³	2.36	213.81	504.59	
23	011703015001	弧形、拱形梁	1. 截面尺寸：0.3m×0.3m 2. 混凝土强度等级：C20	m³	8.10	238.74	1933.79	
24	011703015002	弧形、拱形梁	混凝土强度等级：C20	m³	20.35	221.89	4515.46	
25	010505004001	拱板	混凝土强度等级：C25	m³	44.15	207.32	9153.18	
26	010506002001	弧形楼梯	混凝土强度等级：C20	m³	5.400	247.24	1335.10	
27	010515001001	现浇构件钢筋	钢筋规格：φ10 以内	t	32.50	5857.16	190357.70	100000.00
			分部小计				230710.76	100000.00
			0108 门窗工程					
28	010803001001	金属卷帘（闸）门	1. 洞口尺寸：3m×2.1m 2. 门材质：不锈钢	樘	2	1296.0	2592.00	
29	010801001001	木质门	1. 洞口尺寸：2.1m×1.8m 2. 种类：仓库实木装饰门	樘	1	940.28	940.28	

序号	项目编码	项目名称	项目特征描述	计量单位	工程量	金额/元		
						综合单价	合价	其中 暂估价
			0108 门窗工程					
30	010801001002	木质门	1. 洞口尺寸：2.1m×1.5m 2. 种类：实木装饰门	樘	3	746.21	2238.63	
31	020401004002	胶合板门	种类：工具房胶合板门	樘	3	243.37	730.11	
			分部小计				6501.02	
			本页小计				237211.78	
			合计				310521.85	100000.00

注：为计取规费等的使用，可在表中增设其中："定额人工费"。

分部分项工程和单价措施项目清单与计价表（四）   表 5-27

工程名称：××公园园林景观工程　　　　　　标段：　　　　　　　　　　第 4 页　共 7 页

序号	项目编码	项目名称	项目特征描述	计量单位	工程量	金额/元		
						综合单价	合价	其中 暂估价
			0108 门窗工程					
32	010805004001	电动伸缩门	—	樘	1	1721.68	1721.68	
33	010807001001	金属（塑钢、断桥）窗	—	樘	6	207.39	1244.34	
34	010802001001	金属门	材质：不锈钢门	樘	4	2209.04	8836.16	
35	010702004001	防盗门	—	樘	2	2291.92	4583.84	
36	010801001003	木质门	种类：胶合板门	樘	1	293.41	293.41	
37	010807001002	金属窗	材质、种类：不锈钢推拉窗	樘	10	190.22	1902.20	
38	010808005001	石材门窗套	饰面、线条品种：花岗石	樘	20	108.63	2172.60	
			分部小计				20754.23	
			0109 屋面及防水工程					
39	010901001001	瓦屋面	瓦品种：青石板文化石片	m²	114.78	109.14	12527.09	
40	010901001002	瓦屋面	瓦品种：六角亭琉璃瓦	m²	55.00	118.82	6535.10	
41	010901001003	瓦屋面	瓦品种：青石瓦	m²	60.00	108.83	6529.80	
42	010901001004	瓦屋面	瓦品种：青石片	m²	162.28	114.57	18592.42	
			分部小计				44184.41	
			0111 楼地面装饰工程					
43	011101001001	水泥砂浆楼地面	平台碎石地面，美国南方松圆木分割	m²	388.52	529.50	205721.34	
44	011102001001	石材楼地面	面层材料品种、规格：300mm×300mm绣板文化石地面	m²	180.00	88.94	16009.2	
45	011102001002	石材楼地面	面层材料品种：平台灰色花岗岩	m²	175.42	181.05	31759.79	
			分部小计				253490.33	
			本页小计				318428.97	
			合计				628950.82	100000.00

注：为计取规费等的使用，可在表中增设其中："定额人工费"。

工程名称：××公园园林景观工程　　　　　标段：　　　　　　

序号	项目编码	项目名称	项目特征描述	计量单位	工程量	金额/元		
						综合单价	合价	其中暂估价
			0111 楼地面装饰工程					
46	011102001003	石材楼地面	1. 面层材料品种、规格：100mm×115mm×40mm 光面连州青花岗岩石板 2. 拼接形式：凹缝密拼	m²	97.92	202.39	19818.03	
47	011102001004	石材楼地面	1. 面层材料品种：厚粗面花岗岩冰裂文化石 2. 面层厚度：50mm	m²	89.24	183.36	16363.05	
48	011102001005	石材楼地面	面层材料品种：休息平台黄石纹石材地面	m²	70.40	57.95	4079.68	
49	011102003001	块料楼地面	面层材料品种、规格：300mm×300mm 仿石砖	m²	22.00	99.94	2198.68	
50	011102003002	块料楼地面	面层材料品种：生态平台地面铺绣石文化石冰裂纹	m²	94.20	101.71	9581.08	
51	011102003003	块料楼地面	面层材料品种、规格：600mm×600mm 抛光耐磨砖	m²	116.95	55.24	6460.32	
52	011102003004	块料楼地面	面层材料品种、规格：300mm×300mm 防滑砖	m²	10.25	58.38	598.40	
53	011102003005	块料楼地面	面层材料品种、规格：阳台楼梯400mm×400mm 仿古砖	m²	50.28	92.51	4679.16	
54	011102003006	块料楼地面	面层材料品种、规格：300mm×300mm 仿石砖	m²	38.47	64.25	2471.70	
55	011102003007	块料楼地面	面层材料品种、规格：600mm×300mm 粗面白麻石	m²	43.75	80.82	3535.88	
			分部小计				69785.98	
			本页小计				69785.98	
			合计				698736.80	100000.00

注：为计取规费等的使用，可在表中增设其中："定额人工费"。

工程名称：××公园园林景观工程　　　　　标段：　　　　　　

序号	项目编码	项目名称	项目特征描述	计量单位	工程量	金额/元		
						综合单价	合价	其中暂估价
			0112 墙、柱面装饰与隔断、幕墙工程					
56	011201001001	墙面一般抹灰	1. 墙体类型：内墙 2. 面层厚度、砂浆配合比：5mm 厚 1：2.5 混合砂浆 3. 装饰面材料种类：乳胶漆	m²	271.30	8.61	2335.59	

序号	项目编码	项目名称	项目特征描述	计量单位	工程量	金额/元 综合单价	金额/元 合价	其中 暂估价
			0112 墙、柱面装饰与隔断、幕墙工程					
57	011201001002	墙面一般抹灰	1. 墙体类型：混凝土外墙 2. 面层厚度、砂浆配合比：6mm 厚1：2.5 混合砂浆	m²	162.45	15.60	2534.22	
58	011201001003	墙面一般抹灰	1. 墙体类型：混凝土外墙 2. 面层厚度、砂浆配合比：8mm 厚1：2.5 混合砂浆	m²	70.50	8.66	610.53	
59	011202001001	柱面一般抹灰	—	m²	847.00	9.11	7716.17	
60	011204003001	块料墙面	面层材料、颜色：米黄色仿石砖	m²	35.00	67.30	2355.5	
61	011204003002	块料墙面	面层材料：仿青砖	m²	135.65	84.72	11492.27	
62	011204003003	块料墙面	面层材料、规格：200mm×300mm 瓷片	m²	65.24	57.63	3759.78	
63	011204003004	块料墙面	1. 墙体类型：厨房墙体 2. 面层材料、规格：200mm× 300mm 瓷片	m²	38.05	44.81	1705.02	
64	011204003005	块料墙面	面层材料、颜色：浅绿色文化石	m²	42.07	104.43	4393.37	
65	011204003006	块料墙面	面层材料：青石板	m²	145.20	103.63	15047.08	
66	011204003007	块料墙面	面层材料：木纹文化石	m²	15.07	95.41	1437.83	
67	011205002001	块料柱面	面层材料、规格：45mm× 195mm 米黄色仿石砖块	m²	52.00	73.98	3846.96	
			分部小计				57234.32	
			本页小计				57234.32	
			合计				755971.12	100000.00

注：为计取规费等的使用，可在表中增设其中："定额人工费"。

分部分项工程和单价措施项目清单与计价表（七）　　　　表 5-30

工程名称：××公园园林景观工程　　　　　　标段：　　　　　　第 7 页　共 7 页

序号	项目编码	项目名称	项目特征描述	计量单位	工程量	金额/元 综合单价	金额/元 合价	其中 暂估价
			0112 墙、柱面装饰与隔断、幕墙工程					
68	011205002002	块料柱面	面层材料、规格：100mm×300mm 木纹文化砖	m²	80.00	102.85	8228.00	
69	011206002001	块料零星项目	1. 基层部位：墙裙 2. 面层材料：青石板蘑菇形文化 砖	m²	13.34	100.61	1342.14	
70	011207001001	墙面装饰板	1. 墙体类型：木方板墙面 2. 面层材料品种：美国南方松	m²	76.42	303.11	23163.67	
			分部小计				32733.81	

序号	项目编码	项目名称	项目特征描述	计量单位	工程量	综合单价	合价	其中暂估价
			园路、园桥工程					
71	050201001001	园路	1. 路面材料种类：12cm 厚遮雨廊麻石路面 2. 混凝土种类：豆石混凝土 3. 混凝土强度等级：C15	m²	78.20	141.62	11074.68	
72	050201014001	木制步桥	1. 木材种类：美国南方松 2. 木桥面板截面：150mm×50mm	m²	831.60	463.33	385305.23	
			分部小计				396379.91	
			园林景观工程					
73	050305001001	预制钢筋混凝土飞来椅	钢筋混凝土飞来椅	m	23.00	408.81	9402.63	
74	050305006001	石桌石凳	—	个	20	1656.39	33127.8	
75	050302001001	原木柱	材料种类：美国南方松木柱	m	0.66	1122.58	740.90	
76	050302001002	原木梁	材料种类：美国南方松木梁	m	0.96	566.07	543.43	
			分部小计				43814.76	
			本页小计				472928.48	
			合计				1228899.60	100000.00

注：为计取规费等的使用，可在表中增设其中："定额人工费"。

6. 综合单价分析表

综合单价分析表 表 5-31

工程名称：××公园园林景观工程 　　　标段：　　　　　　第 1 页 共 1 页

项目编码	010515001001	项目名称	现浇构件钢筋	计量单位	t	工程量	32.50

清单综合单价组成明细

定额编号	定额项目名称	定额单位	数量	单价				合价			
				人工费	材料费	机械费	管理费和利润	人工费	材料费	机械费	管理费和利润
08-99	现浇螺纹钢筋制作安装	t	1	294.75	5397.70	62.42	102.29	294.75	5397.70	62.42	102.29
	人工单价		小计					294.75	5397.70	62.42	102.29
	45 元/工日		未计价材料费								
			清单项目综合单价					5857.16			

材料费明细	主要材料名称、规格、型号	单位	数量	单价/元	合价/元	暂估单价/元	暂估合价/元
	螺纹钢筋 A235，φ14	t	1.07	4000.00	4280.00		
	焊条	kg	8.64	4.00	34.56		
	其他材料费			—	1083.14	—	
	材料费小计			—	5397.70	—	

注：1. 如不使用省级或行业建设主管部门发布的计价依据，可不填定额编号、名称等。
　　2. 招标文件提供了暂估单价的材料，按暂估的单价填入表内"暂估单价"栏及"暂估合价"栏。

【表格填制要点】 编制投标报价时，综合单价分析表应填写使用的企业定额名称，也可填写使用的省级或行业建设主管部门发布的计价定额，如不使用则不填写。

7. 总价措施项目清单与计价表

【表格填制要点】 编制投标报价时，总价措施项目清单与计价表中除"安全文明施工费"必须按《建设工程工程量清单计价规范》（GB 50500—2013）的强制性规定，按省级或行业建设主管部门的规定记取外，其他措施项目均可根据投标施工组织设计自主报价。

总价措施项目清单与计价表　　　　　　　　　　　　　　表 5-32

工程名称：××公园园林景观工程　　　　　　标段：　　　　　　第 1 页　共 1 页

序号	项目编码	项目名称	计算基础	费率（%）	金额/元	调整费率（%）	调整后金额/元	备注
1	011707001001	安全文明施工费	定额人工费	30	70904.73			
2	011707001002	夜间施工增加费	定额人工费	1.5	6500.00			
3	011707001004	二次搬运费			8386.00			
4	011707001005	东雨季施工增加费	定额人工费	8	27993.65			
5	011707001007	已完工程及设备保护费			1500.00			
合　计					115284.38			

编制人（造价人员）：　　　　　　　　复核人（造价工程师）：

注：1. "计算基础"中安全文明施工费可为"定额基价"、"定额人工费"或"定额人工费＋定额机械费"，其他项目可为"定额人工费"或"定额人工费＋定额机械费"。

2. 按施工方案计算的措施费，若无"计算基础"和"费率"的数值，也可只填"金额"数值，但应在备注栏说明施工方案出处或计算方法。

8. 其他项目清单与计价汇总表

其他项目清单与计价汇总表　　　　　　　　　　　　表 5-33

工程名称：××公园园林景观工程　　　　　　标段：　　　　　　第 1 页　共 1 页

序号	项目名称	金额/元	结算金额/元	备注
1	暂列金额	50000.00		明细见表 5-34
2	暂估价			
2.1	材料暂估价	—		明细见表 5-35
2.2	专业工程暂估价			
3	计日工	10481.85		明细见表 5-36
4	总承包服务费			
5				
合计		66481.85		

注：材料（工程设备）暂估单价进入清单项目综合单价，此处不汇总。

【表格填制要点】 编制投标报价时，其他项目清单与计价汇总表应按招标工程量清单提供的"暂估金额"和"专业工程暂估价"填写金额，不得变动。"计日工"、"总承包服务费"自主确定报价。

（1）暂列金额及拟用项目

暂列金额明细表

表 5-34

工程名称：××公园园林景观工程　　　　　标段：　　　　　第 1 页　共 1 页

序号	项目名称	计算单位	暂列金额/元	备注
1	政策性调整和材料价格风险	项	45000.00	
2	其他	项	5000.00	
	合　计		50000.00	—

注：此表由招标人填写，如不能详列，也可只列暂定金额总额，投标人应将上述暂列金额计入投标总价中。

（2）材料（工程设备）暂估单价及调整表

材料（工程设备）暂估单价及调整表

表 5-35

工程名称：××公园园林景观工程　　　　　标段：　　　　　第 1 页　共 1 页

序号	材料（工程设备）名称、规格、型号	计量单位	数量		暂估/元		确认/元		差额±/元		备注
			暂估	确认	单价	合价	单价	合价	单价	合价	
1	碎石	m³	10		80.80		82.00				20mm 厚
2	美国南方松木板	m³	15		3200.00		3200.00				
	其他：（略）										
	合　计								—		

注：此表由招标人填写"暂估单价"，并在备注栏说明暂估价的材料、工程设备拟用在那些清单项目上，投标人应将上述材料、工程设备暂估单价计入工程量清单综合单价报价中。

（3）计日工表

计日工表

表 5-36

工程名称：××公园园林景观工程　　　　　标段：　　　　　第 1 页　共 1 页

编号	项目名称	单位	暂定数量	实际数量	综合单价/元	合价/元	
						暂定	实际
一	人工						
1	技工	工日	20.00		30.00	600.00	
2							
	人工小计					600.00	
二	材料						
1	42.5 级普通水泥	t	35.00		279.95	9798.25	
2							
	材料小计					9798.25	

编号	项目名称	单位	暂定数量	实际数量	综合单价/元	合价/元 暂定	合价/元 实际
三	施工机械						
1	汽车起重机20t	台班	10.00		608.36	6083.60	
2							
施工机械小计						6083.60	
四、企业管理费和利润							
总　计						16481.85	

注：此表项目名称、数量由招标人填写，编制招标控制价时，单价由招标人按有关计价规定确定；投标时，单价由投标人自主报价，计入投标总价中。

【表格填制要点】 编制投标报价的"计日工表"时，人工、材料、机械台班单价由招标人自主确定，按已给暂估数量计算合价计入投标总价中。

9. 规费、税金项目计价表

规费、税金项目计价表　　　　　　　　　　　表 5-37

工程名称：××公园园林景观工程　　　　标段：　　　　　　　第1页　共1页

序号	项目名称	计算基础	计算基数	计算费率（%）	金额/元
1	规费	定额人工费			74826.46
1.1	社会保险费	定额人工费	(1)+…+(5)		48984.06
(1)	养老保险费	定额人工费		3.5	12436.24
(2)	失业保险费	定额人工费		2	8946.88
(3)	医疗保险费	定额人工费		6	25364.22
(4)	工伤保险费	定额人工费		0.5	2236.72
(5)	生育保险费	定额人工费			—
1.2	住房公积金	定额人工费		6	25364.22
1.3	工程排污费	按工程所在地环境保护部门收取标准，按实计入		0.14	478.18
2	税金	分部分项工程费＋措施项目费＋其他项目费＋规费－按规定不计税的工程设备金额		3.413	
合　计					50699.85

编制人（造价人员）：　　　　　　　　　复核人（造价工程师）：

10. 总价项目进度款支付分解表

总价项目进度款支付分解表　　　　　　　　表 5-38

工程名称：××公园园林景观工程　　　　标段：　　　　　　　第1页　共1页

序号	项目名称	总价金额	首次支付	二次支付	三次支付	四次支付	五次支付	
1	安全文明施工费	70904.73	21271.41	21271.41	14180.95	14180.96		
2	夜间施工增加费	6500.00	1300	1300	1300	1300	1300	

序号	项目名称	总价金额	首次支付	二次支付	三次支付	四次支付	五次支付	
3	二次搬运费	8386.00	1677.2	1677.2	1677.2	1677.2	1677.2	
	略							
	社会保险费	48984.06	9796.81	9796.81	9796.81	9796.81	9796.82	
	住房公积金	25364.22	5072.84	5072.84	5072.84	5072.84	5072.86	
	合　计							

编制人（造价人员）：　　　　　　　　　　　　复核人（造价工程师）：

注：1. 本表应由承包人在投标报价时根据发包人在招标文件明确的进度款支付周期与报价填写，签订合同时，发承包双方可就支付分解协商调整后作为合同附件。

2. 单价合同使用本表，"支付"栏时间应与单价项目进度款支付周期相同。

3. 总价合同使用本表，"支付"栏时间应与约定的工程计量周期相同。

11. 主要材料、工程设备一览表

承包人提供主要材料和工程设备一览表（适用于造价信息差额调整法）　　**表 5-39**

工程名称：××公园园林景观工程　　　标段：　　　　　　　　　　第 1 页　共 1 页

序号	名称、规格、型号	单位	数量	风险系数（%）	基准单价/元	投标单价/元	发承包人确认单价/元	备注
1	预拌混凝土 C20	m³	15	≤5	300	298		
2	（其他略）							

注：1. 此表由招标人填写除"投标单价"栏的内容，投标人在投标时自主确定投标单价。

2. 投标人应优先采用工程造价管理机构发布的单价作为基准单价，未发布的，通过市场调查确定其基准单价。

参 考 文 献

[1] 国家标准. 《建设工程工程量清单计价规范》GB 50500—2013 [S]. 北京：中国计划出版社，2013.

[2] 国家标准. 《园林绿化工程工程量计算规范》GB 50858—2013 [S]. 北京：中国计划出版社，2013.

[3] 国家标准. 《建设工程计价计量规范辅导》[M]. 北京：中国计划出版社，2013.

[4] 李志刚. 园林工程造价指导 [M]. 北京：化学工业出版社，2011.

[5] 史静宇. 园林工程施工与管理丛书 [M]. 北京：化学工业出版社，2014.

[6] 董海娥. 园林工程概预算实例问答 [M]. 北京：机械工业出版社，2013.

[7] 胡光宇. 园林工程计量与计价 [M]. 沈阳：沈阳出版社，2011.

[8] 赵兵. 园林工程 [M]. 南京：东南大学出版社，2011.

[9] 祝遵凌、罗镔. 园林工程造价与招投标 [M]. 北京：中国林业出版社，2010.